W0173959

Stefanie Rolle

Work-Life-Balance
als Zukunftsaufgabe

Personalbindung und Arbeitszufriedenheit
im Kontext der Familienfreundlichkeit

Diplomica® Verlag GmbH

Rolle, Stefanie: Work-Life-Balance als Zukunftsaufgabe: Personalbindung und Arbeitszufriedenheit im Kontext der Familienfreundlichkeit.
Hamburg, Diplomica Verlag GmbH 2012

ISBN: 978-3-8428-8979-8
Druck: Diplomica® Verlag GmbH, Hamburg, 2012

Bibliografische Information der Deutschen Nationalbibliothek:
Die Deutsche Nationalbibliothek verzeichnet diese Publikation in der Deutschen
Nationalbibliografie; detaillierte bibliografische Daten sind im Internet über
http://dnb.d-nb.de abrufbar.

Die digitale Ausgabe (eBook-Ausgabe) dieses Titels trägt die ISBN 978-3-8428-3979-3
und kann über den Handel oder den Verlag bezogen werden.

© Diplomica Verlag GmbH
http://www.diplomica-verlag.de, Hamburg 2012
Printed in Germany

Inhaltsverzeichnis

I   Abkürzungsverzeichnis

Abb.   Abbildung

BDA   Bundesvereinigung der Deutschen Arbeitgeberverbände

BDI   Bundesverband der Deutschen Industrie e. V.

BMFSFJ   Bundesministerium für Familie, Senioren, Frauen und
                 Jugend

DIHK   Deutscher Industrie- und Handelskammertag

e. V.   eingetragener Verein

ESF   Europäischer Sozialfonds für Deutschland

EU   Europäische Union

f.   folgende

ff.   fort folgende

FFP   Forschungszentrum Familienbewusste Personalpolitik

gGmbH   gemeinnützige Gesellschaft mit beschränkter Haftung

Hrsg.   Herausgeber

IfM   Institut für Mittelstandsforschung Bonn

i. d. R.   in der Regel

IW   Institut der deutschen Wirtschaft Köln

n. d.   nicht datiert

OECD   Organisation for Economic Co-operation and
                 Development

p.   Page

S.	Seite
USA	United States of America
vgl.	vergleiche
z. B.	zum Beispiel
ZDH	Zentralverband des Deutschen Handwerk

II   Abbildungs- und Tabellenverzeichnis

1. Einführung und Überblick

1.1 Thematische Einführung

Mit dem Begriff Work-Life-Balance wird in der Regel das Erreichen einer Balance zwischen beruflichen Aufgaben und Privatleben assoziiert. Im organisationalen Kontext wird Work-Life-Balance häufig verwendet, um nach außen ein Unternehmensbild zu präsentieren, mit dem ein mitarbeiter[1]- und familienfreundliches Arbeitsklima assoziiert werden soll.

In der Literatur wird mit Work-Life-Balance oft auch eine gesellschaftspolitische Aufgabe zur besseren Vereinbarkeit von Beruf und Familie in Verbindung gebracht.

Vor dem Hintergrund des gesellschaftlichen und organisationalen Wandels vom Industriezeitalter hin zur Informations- und Wissensgesellschaft gewinnen Work-Life-Balance Strategien nicht nur auf politischer und wissenschaftlicher Ebene, sondern auch für Unternehmen zunehmend an Bedeutung.

Das Ziel von Work-Life-Balance Strategien ist, durch ein Gleichgewicht der Anforderungen und Bedürfnisse verschiedener Lebensbereiche die individuelle Leistungsfähigkeit und Zufriedenheit der Mitarbeiter langfristig zu erhalten.

Zum einen steigen die beruflichen und privaten Anforderungen der Mitarbeiter, zum anderen unterliegen auch die Unternehmen [2] einem steigenden Druck, um auf Veränderungen in der Unternehmensumwelt flexibel und kostengünstig reagieren zu können. Darüber hinaus wird es vor dem Hintergrund des demografischen Wandels [3] auch für Unternehmen immer wichtiger, ihre Mitarbeiter an das Unternehmen zu binden und dafür

---

[1] In dieser Untersuchung wird aufgrund der besseren Lesbarkeit das generische Maskulin verwendet. Soweit es nicht explizit anders formuliert wird, ist damit stets die weibliche und männliche Sprachform gemeint.
[2] Siehe Glossar im Anhang.
[3] Siehe Glossar im Anhang.

Sorge zu tragen, dass sie sich an ihrem Arbeitsplatz wohlfühlen. So kann langfristig das Humankapital[4] erhalten werden.

Des Weiteren vertreten Mitarbeiter mit einer positiv erlebten Bindung auch Dritten gegenüber ihren Arbeitgeber loyal (vgl. Felfe, 2008, S. 12 ff.).

Grundvoraussetzung für die langfristige Bindung eines Mitarbeiters an ein Unternehmen ist, dass dieser mit seiner Arbeit zufrieden ist und in seinem Arbeitgeber ein Unternehmen mit attraktiven Beschäftigungs- und Standortbedingungen sieht, in dem er sich wohlfühlt. Um dies zu erreichen, können Work-Life-Balance Strategien eingesetzt werden. (vgl. Klimpel & Schütte, 2006, S. 29 f.)

Daneben gibt es eine Reihe anderer Maßnahmen, um das Commitment[5] zu fördern. Dies sind z. B. Methoden der Personalauswahl und -entwicklung sowie Strategien zur Mitarbeiterführung. Der Einsatz von Work-Life-Balance Strategien ist in diesem Zusammenhang gut geeignet, weil diese dazu beitragen, dass Mitarbeiter auch langfristig gute Leistungen in ihrem Unternehmen erbringen können. (vgl. Michalk & Nieder, 2007, S. 46)

Ausgehend von der wachsenden Bedeutung des Commitments in Verbindung mit der Work-Life-Balance Strategie soll auch der Zusammenhang von Arbeitszufriedenheit und Commitment untersucht werden. Die Konzepte weisen theoretische Gemeinsamkeiten auf (vgl. Felfe, 2008, S. 154 f.). Ebenso ist mit beiden Konzepten die Erwartung verbunden, dass Mitarbeiter, die hohes Commitment aufweisen bzw. hochzufrieden mit ihrer Arbeit sind, eine stärkere Bereitschaft zeigen, sich im Unternehmen zu engagieren (vgl. Felfe, 2008, S. 157).

Die Erhöhung der Arbeitszufriedenheit wird in den meisten empirischen Untersuchungen als wichtigstes Ziel betrieblichen Familienbewusstseins genannt (vgl. Gerlach, Schneider & Juncke, 2007, S. 22 f).

---

[4] Siehe Glossar im Anhang.
[5] Commtiment und Bindung sind synonyme Begriffe. Kapitel 5 greift dies noch einmal auf.

Weitere Hinweise auf die Wirkungszusammenhänge der drei vorangehend genannten Konzepte liefern die folgenden Ergebnisse.

Eine Studie des Ministeriums für Arbeit, Soziales, Familie und Gesundheit des Landes Rheinland-Pfalz (2005) bestätigt, dass sowohl Arbeitnehmer als auch Arbeitgeber positive Effekte familienbewusster Maßnahmen auf Arbeitszufriedenheit und Arbeitsleistung erwarten (vgl. Häuser, Ruppenthal & Schneider, 2006, S. 27 ff.).

Die Ergebnisse der repräsentativen Unternehmensbefragung des Instituts der Deutschen Wirtschaft Köln (2003) stützen die Erwartung, dass der Einsatz von Work-Life-Balance-Maßnahmen zur Verbesserung von Arbeitszufriedenheit und Commitment beiträgt. (vgl. Flüter-Hoffmann, C. & Solbrig, J. 2003, S. 66 f.).

Schmitz (2006) verweist ebenfalls darauf, dass die Einführung familienfreundlicher Maßnahmen sowohl auf Mitarbeitergewinnung wie auch -bindung positive Effekte hat (vgl. Schmitz, 2006, S. 175).

Zudem belegt auch eine schweizer Studie, dass sich eine mangelnde Work-Life-Balance negativ auf Arbeitszufriedenheit und Unternehmensbindung auswirkt (vgl. Hämmig, 2008, S. 13 ff.).

Die Ergebnisse einer Online-Befragung von Schnelle, Brandstätter-Morawietz & Moser (2009) stützen die Erwartung, dass Work-Life-Balance Strategien einen entscheidenden Beitrag zur Arbeitszufriedenheit leisten. Durch sie können Zielkonflikte zwischen dem beruflichen und privaten Lebensbereich vermieden werden. (vgl. 2009, S. 47 ff.)

Scandura und Lankau (1997) stellten fest, dass Maßnahmen wie flexible Arbeitszeiten die Arbeitszufriedenheit und organisationale Bindung weiblicher Arbeitnehmer mit familiären Verpflichtungen erhöhen (vgl. Scandura & Lankau, 1997, S. 377).

Abbildung 1 stellt die Zusammenhänge von familienfreundlichen Maßnahmen im Kontext der Work-Life-Balance und die Wirkungsrichtungen dieser Maßnahmen auf Arbeitszufriedenheit und Commitment grafisch dar. Zudem wird die Wechselwirkung von Arbeitszufriedenheit und Commitment gezeigt.

Weitere diese Konstrukte beeinflussenden Variablen sind die demografische Entwicklung, Wandel der Rollenbilder, soziostrukturelle Veränderungen, der strukturelle Wandel der Arbeitswelt und betriebswirtschaftliche Vorteile für Unternehmen. Alle Elemente dieser Grafik werden im Verlauf dieser Untersuchung detailliert dargestellt.

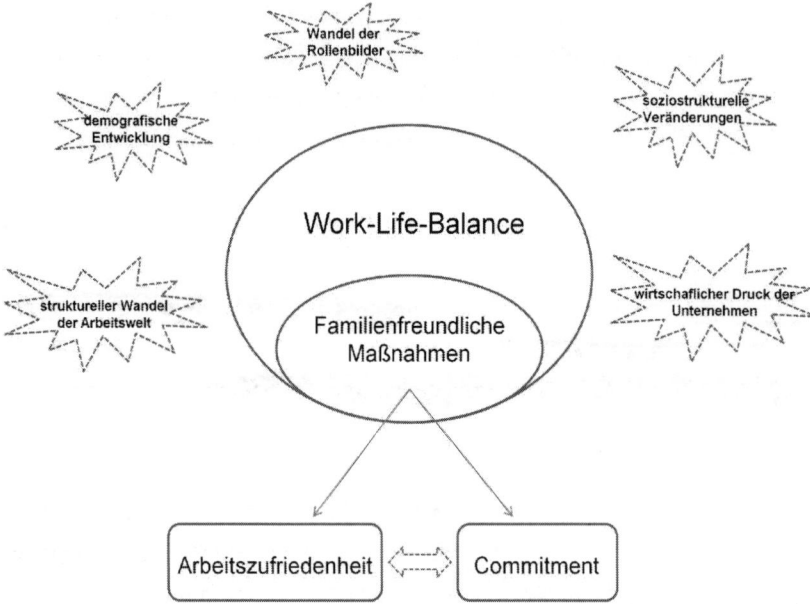

Abbildung 1: Übersicht der Wirkungszusammenhänge der Hauptkonstrukte dieser Arbeit (Eigene Darstellung)

1.2 Zielsetzung und Vorgehensweise

Da die erwarteten Effekte und deren genaue Wirkungsmechanismen bislang nicht hinreichend empirisch überprüft wurden [6], soll dieses Buch dazu

---

[6] Trotz der gesamtgesellschaftlichen wie auch betriebswirtschaftlichen Relevanz fehlt es an fundierten empirischen Analysen, die das Familienbewusstsein deutscher Unternehmen messen (vgl. Schneider et al., 2010, S. 126).

beitragen, die Frage zu klären, inwieweit Maßnahmen, deren Ziel die Vereinbarkeit von Arbeit und Privatleben ist, einen Einfluss auf Arbeitszufriedenheit und Commitment ausüben. Daraus lassen sich die folgenden Fragen ableiten:

- Was macht ein gelungenes Work-Life-Balance Konzept aus, damit davon Mitarbeiter und Unternehmen gleichermaßen profitieren?
- Gibt es Unterschiede in der Wirkungsweise der Einzelmaßnahmen in Bezug auf Arbeitszufriedenheit und Commitment?
- Welche Faktoren tragen zur erfolgreichen Umsetzung von Work-Life-Balance Konzepten bei?
- Welche Maßnahmen sind in diesem Zusammenhang besonders geeignet?
- Welche Hemmnisse bei der Implementierung von Work-Life-Balance-Maßnahmen gibt es?
- Welche Nachteile können sich aus dem Einsatz von Work-Life-Balance Konzepten ergeben?

Der wohl gängigste Zugang ist der Genderzugang[7]. Bei diesem steht vor allem die Vereinbarkeitsproblematik von Beruf und Familie im Vordergrund. Dieser Zugang wird auch in dieser Untersuchung verwendet.

Eine Unterteilung in Wirtschaftszweige wird nicht vorgenommen. Unabhängig davon, welches Verständnis von Work-Life-Balance zugrunde gelegt wird, nimmt die Fachliteratur in der Regel eine solche Unterteilung nicht vor (vgl. z. B. Kastner, 2004; Rost, 2004; Prognos, 2005a; Jürgens, 2006; Michalk & Nieder, 2007, Schneider, Gerlach, Juncke & Krieger, 2008, Schobert, 2008, S. 31).

Dies ist damit zu begründen, dass es sich bei Work-Life-Balance Konzepten weder um isolierte Maßnahmen noch um festgelegte Strategien handelt. Je nach individuellem und betrieblichem Kontext müssen unterschiedliche Konzepte entwickelt werden.

---

[7] Siehe Glossar im Anhang.

Zur Einführung in die Thematik werden in Kapitel 1.3 zunächst die wichtigsten Einflussfaktoren beschrieben, die zur Relevanz der Work-Life-Balance Thematik beitragen. Hier werden die in Abbildung 1 dargestellten Variablen näher erläutert.

Nach der detaillierten Betrachtung des Work-Life-Balance Begriffs in Kapitel 2 erfolgt in Kapitel 3 die Einordnung des betrieblichen Familienbewusstseins in diesen Kontext. Zunächst werden mögliche Ziele und Handlungsfelder betrieblicher Familienfreundlichkeit vorgestellt. Im Anschluss wird der Fokus auf die Instrumente der berufundfamilie gGmbH gerichtet. Diese wurde ausgewählt, weil sie bundesweit als herausragender Kompetenzträger in Fragen der Vereinbarkeit von Beruf und Familie gilt. Gleichzeitig ist sie Marktführer bei der Implementierung einer familienbewussten Personalpolitik. Das audit der berufundfamilie gGmbH wird von allen Spitzenverbänden[8] der deutschen Wirtschaft empfohlen. (vgl. Gemeinnützige Hertie-Stiftung, 2008, S. 3)

Aufgrund der Vielzahl denkbarer Work-Life-Balance Maßnahmen werden nur solche ausgewählt, die bereits von deutschen Unternehmen eingesetzt werden und von der berufundfamilie gGmbH zertifiziert wurden.

Vor dem Hintergrund des demografischen Wandels und den daraus resultierenden Folgen ist es nicht nur aus gesellschaftspolitischer Sicht wichtig, Familien Möglichkeiten zur besseren Vereinbarkeit von Beruf und Privatleben zu geben, sondern auch in den Unternehmen muss ein Umdenken erfolgen.

In Anlehnung an die Einteilung von Michalk und Nieder der Work-Life-Balance Maßnahmen nach Zielgruppen wird sich diese Untersuchung schwerpunktmäßig mit der Zielgruppe Familien[9] beschäftigen (Michalk & Nieder, 2007, S. 214 ff.). Diese Gruppe ist in Bezug auf die Auswirkungen

---

[8] Siehe Glossar im Anhang.
[9] Siehe Glossar im Anhang.

auf Arbeitszufriedenheit und Commitment besonders interessant, da es sich bei dieser Gruppe primär um Mitarbeiter handelt, welche aufgrund ihres Alters dem Unternehmen noch lange zur Verfügung stehen sollen.

Im Anschluss erfolgt in Kapitel 4 eine theoretische Einordnung von Work-Life-Balance. Daran anschließend werden in Kapitel 5 die Konzepte der Arbeitszufriedenheit und des organisationalen Commitments vorgestellt und miteinander in Verbindung gesetzt. An dieser Stelle wird auch die Frage geklärt, ob die Work-Life-Balance Strategie dazu dienen kann, Arbeitszufriedenheit zu erhöhen und Mitarbeiter erfolgreich an ein Unternehmen zu binden.

Kapitel 6 wird die empirischen Befunde zu den Wechselwirkungen von familienfreundlichen Maßnahmen auf Arbeitszufriedenheit und Commitment vorstellen.

In Kapitel 7 sollen Schwierigkeiten und Hemmnisse der Implementierung von Work-Life-Balance Konzepten untersucht werden. Dabei werden auch Nachteile, welche durch den missbräuchlichen Einsatz von Work-Life-Maßnahmen entstehen können, kritisch betrachtet.

1.3 Aktualität des Themas

1.3.1 Einführung in die Aktualität des Themas

In Zeiten angespannter Wirtschaftslagen vieler Unternehmen und hoher Arbeitslosenzahlen treten Arbeitsklima, Führungs- und Unternehmenskultur bei der Schwerpunktsetzung im Unternehmen häufig in den Hintergrund. Dennoch ist es gerade jetzt in Anbetracht verschiedener gesellschaftlicher und betriebswirtschaftlicher Aspekte erforderlich, das Thema Work-Life-Balance als Zukunftsaufgabe anzusehen.

Die wichtigsten Gesichtspunkte, die für die Notwendigkeit der Einführung von Work-Life-Balance Strategien sprechen, sind:

- die demografische Entwicklung
- Wandel der Rollenbilder
- soziostrukturelle Veränderungen
- der strukturelle Wandel der Arbeitswelt
- betriebswirtschaftliche Vorteile für Unternehmen

1.3.2 Demografische Entwicklung

Noch vor sieben Jahren kannte mehr als die Hälfte aller Deutschen den Begriff „Demografischer Wandel" nicht. Inzwischen haben zwar die Diskussionen, nicht aber die Maßnahmen zugenommen. Es wird ein deutlicher Rückgang der Geburtenzahlen und damit eine Reduzierung der Bevölkerungsanzahl sowie die Alterung der Gesellschaft prognostiziert. Diese Entwicklung wird sich auch auf dem deutschen Arbeitsmarkt niederschlagen. (Fuchs, Schnur, Zika, 2005, S 1 ff.; Rost, 2004, S. 13.)

Das Erwerbspersonenpotenzial wird schrumpfen. Somit wird die Bindung und Rekrutierung von Arbeitskräften zukünftig immer bedeutender für Unternehmen. (vgl. Rost, 2004, S. 13.)

Bis zum Jahr 2050 wird die deutsche Bevölkerung nach Berechnungen des Statistischen Bundesamtes auf rund 75 Millionen Menschen geschrumpft sein (vgl. Bundeszentrale für politische Bildung, 2006)

In Deutschland wird sich der demografische Wandel bereits 2020 deutlich auswirken. Die Zahl der Erwerbstätigen ist rückläufig, und die Zahl der wirtschaftlich Abhängigen steigt. Die über Fünfzigjährigen werden 2020 50 % der Bevölkerung ausmachen und rund 60 % des verfügbaren Einkommens auf sich vereinen. Dies führt dazu, dass bis 2020 1,6 Millionen Arbeitskräfte zusätzlich mobilisiert werden müssten.(vgl. McKinsey, 2008, S. 7 f.)

Diese Mobilisierung kann nur erfolgen, wenn auch Frauen und Männern mit Kinderwunsch verstärkt die Vereinbarkeit von Familie und Beruf ermöglicht wird. Welchen Beitrag dazu Work-Life-Balance Konzepte leisten können, soll im Verlauf dieser Arbeit untersucht werden.

Angesichts des schrumpfenden Anteils der Erwerbsbevölkerung, des wachsenden Anteils an wissensintensiven Arbeitsplätzen und dem daraus resultierenden Fachkräftemangel wird es eine der dringendsten Zukunftsaufgaben für Unternehmen sein, Work-Life-Balance Konzepte im Unternehmen zu integrieren. Dabei muss der Schwerpunkt vor allem in einer familienbewussten Personalpolitik liegen. Besonders junge, hoch qualifizierte weibliche Mitarbeiter sollen durch diese Konzepte im Unternehmen gehalten werden. Eine betrieblich garantierte Work-Life-Balance kann in Zukunft zum wichtigsten Arbeitsplatzfaktor werden. (vgl. Opaschowski, 2009, S. 68 f.)

1.3.3 Wandel der Rollenbilder

Aus dem Familienmonitor 2009 des Bundesministeriums für Familie, Senioren, Frauen und Jugend (BMFSFJ) geht hervor, dass das Thema Vereinbarkeit von Beruf und Familie in der Bevölkerung als wichtig wahrgenommen wird. (BMFSFJ, 2009, S. 11 ff.)

Hinzu kommt, dass immer mehr Frauen nach kurzer Elternzeit wieder zurück in den Beruf möchten. Die Ansprüche an die Vereinbarkeit von Familie und Beruf haben sich entscheidend verändert. Frauen investieren mehr in ihre Berufsausbildung und Qualifikation und wollen daher auch als Mütter weiter beruflich eingebunden sein. Zusätzlich wird die Karriereplanung beider Geschlechter dadurch erschwert, dass sich die arbeitsbedingten Anforderungen an Flexibilität und Mobilität ständig erhöhen. Dies geht mit organisatorischem, zeitlichem und finanziellem Aufwand einher und hat häufig auch den Verlust von familialen Netzen zur Folge. (vgl. Rost, 2004, S. 19 ff.)

Mit dem Wandel der Geschlechterrollen geht nicht nur der Wunsch der Frauen einher, trotz Kindern weiter berufstätig zu sein, sondern auch die Väter wünschen sich in zunehmendem Maße mehr Teilhabe an Familie und die Möglichkeiten zur Vereinbarkeit von Familie und Beruf. (vgl. BMFSJ, 2008a, S. 5; Rost, 2004, S. 22)

2004 nutzten nur ca. 2 % der Väter tatsächlich auch eine Erziehungszeit. Dies hängt damit zusammen, dass sie Sanktionen, berufliche Schlechterstellungen oder starke finanzielle Einbußen befürchteten. Im Sinne des Work-Life-Balance Gedanken sollten Unternehmen daher die Herausforderung aufgreifen und sich stärker für die Vereinbarkeitsproblematik beider Geschlechter einsetzen. Langfristig profitieren davon beide Seiten. Rost (2004) geht davon aus, dass die Erfüllung des Vereinbarkeitsbedürfnisses der Mitarbeiter Konflikte reduziert und die Lebenszufriedenheit erhöht. (vgl. Rost, 2004, S. 22 f.)

Mittlerweile lässt sich ein Trend erkennen, nachdem auch Väter in zunehmendem Maße Erziehungsauszeiten in Anspruch nehmen. Dieser ist vermutlich auch mit der Einführung des Elterngelds 2007[10] zu erklären.

2009 lag der Anteil der Väter mit einer zwölfmonatigen Bezugsdauer des Elterngelds bei 8 %. Drei von vier Vätern nutzen ihren Anspruch auf Elterngeld für zwei Monate. (vgl. Statistisches Bundesamt, 2010)

Die Folge dieser geschlechtsspezifischen Arbeitsteilung ist ein im internationalen Vergleich niedriger Anteil an erwerbstätigen Müttern mit kleinen Kindern. Zudem sind Mütter um das Zehnfache häufiger in Teilzeitarbeit beschäftigt als Väter. (vgl. Schneider, 2010, S. 130)

Zudem kommt erschwerend hinzu, dass gerade in Westdeutschland sowohl in den Betrieben wie auch unter den Mitarbeitern stark das traditionelle Leitbild des männlichen Familienernährers mit der dazuverdienenden Ehefrau vorherrscht (vgl. Botsch et al., 2007, S. 135).

Opaschowski (2008) sieht daher mit dem Struktur- und Wertewandel, der sich in der Arbeitswelt vollzieht, nicht nur die Frage der Vereinbarkeit von Beruf und Familie, sondern auch die Frage der Vereinbarkeit von Frauen- und Männerrollen verbunden (vgl. Opaschowski, 2009, S. 63 f.).

---

[10]Siehe Glossar im Anhang.

1.3.4 Soziostrukturelle Veränderungen

Auch soziostrukturelle Veränderungen tragen zur Erschwerung der Vereinbarkeit bei. Dazu zählen etwa das steigende Bildungsniveau, der wachsende Anteil erwerbstätiger und karriereorientierter Frauen, die zunehmende Instabilität von Beziehungen und der damit einhergehende steigende Anteil an Alleinerziehenden und Patchworkfamilien. Die Forderungen nach Work-Life-Balance-Konzepten werden auch durch den Strukturwandel der modernen Arbeitswelt gestärkt. Darüber hinaus spitzen sich die Konflikte zwischen den Handlungsanforderungen der Bereiche Arbeit und Privat für viele Arbeitnehmer immer mehr zu. (vgl. Wiese, 2007, S. 247; Hoff, Grote, Dettmer, Hohner & Olos, 2005, S. 197)

Längere Ausbildungszeiten und damit einhergehende spätere Berufseinstiege führen dazu, dass die Familiengründung immer später begonnen wird. Mütter sind heute bei der Geburt ihres ersten Kindes im Durchschnitt 28 Jahre alt. Bei den Akademikerinnen liegt das Durchschnittsalter bei über 30 Jahren. Und die Tendenz ist weiter steigend. Auch die Größe der Familien hat in den letzten 25 Jahren deutlich abgenommen. Es gibt weniger Familien mit mehr als einem Kind. Familien mit drei oder mehr Kindern werden zur Ausnahme. (vgl. Rost, 2004, S. 19 ff.)

Dennoch stellt der Zukunftsforscher Opaschowski (2009) eine Trendwende fest. Kinder und Familie rücken wieder mehr ins Zentrum des Lebens. Den Trend der Individualisierung sieht Opaschowski als rückläufig an. (vgl. Opaschowski, 2009, S. 20) Immer mehr junge Menschen wünschen sich sowohl Familie als auch beruflichen Erfolg. Besonders Frauen wünschen sich ein ausbalanciertes Lebenskonzept, bei dem Berufs- und Privatleben gleichermaßen berücksichtigt werden. (vgl. Opaschowski, 2009, S. 63 ff.)

Hierbei handelt es sich laut Opaschowski um einen generellen Einstellungswandel, der sich langsam entwickelt und nicht sofort in der Demografie messbar sein wird. Immer noch stehen Vorbehalte und

Vereinbarkeitsprobleme diesem Wandel entgegen. (vgl. Opaschowski, 2009, S. 21)

Auch verstärke Mobilitätsanforderungen an die Arbeitnehmer führen dazu, dass gerade Frauen ihren Kinderwunsch in die Zukunft verschieben, weniger Kinder als eigentlich erwünscht bekommen oder den Kinderwunsch ganz aufgegeben (vgl. Schneider, 2010, S. 9).

1.3.5 Struktureller Wandel der Arbeitswelt

Veränderungen der Arbeitswelt führen ebenfalls dazu, dass Unternehmen ihre Mitarbeiter stärker bei der Balance von Arbeit und Privatleben unterstützen müssen, um den Mitarbeitern die Möglichkeit der Regeneration zu bieten. Steigender Qualitäts-, Zeit- und Kostendruck führen dazu, dass Arbeitsaufgaben immer komplexer und dynamischer werden. Dies bezeichnet Kastner (2004, S. 21) als Dynaxität.

Auch Resch und Bamberg (2005) sehen unter anderem den Auslöser für die Popularität der Work-Life-Balance Thematik in zunehmenden Schwierigkeiten der Vereinbarkeit von Familie und Beruf für Männer und Frauen. Steigende und neue Belastungen der Arbeit für beide Geschlechter steigern die Notwendigkeit der Auseinandersetzung mit diesem Thema. (vgl. Resch & Bamberg, 2005, S. 171)

Zudem beeinflusst der sektorale Wandel hin zur Wissens- und Dienstleistungsgesellschaft mit zunehmender Globalisierung auch das psychische Befinden und die körperliche Gesundheit der Mitarbeiter. Hoher Zeitdruck, steigende Aufgabenkomplexität und fortschreitende Technisierung erhöhen zusätzlich den Druck, der auf dem einzelnen Mitarbeiter lastet. (vgl. Bandura & Vetter, 2004, S. 7 f., Schneewind, 2009, S. 86)

Der strukturelle Wandel der Arbeitswelt wie z. B. die Zunahme prekärer Beschäftigungsverhältnisse, hohe Anforderungen an Flexibilität und Mobilität der Mitarbeiter, immer höhere Anforderungen im Berufsleben und die damit wachsende Verantwortung des Einzelnen zur kontinuierlichen Weiterentwicklung führen dazu, dass die Forderungen nach Konzepten zur Work-Life-Balance immer deutlicher werden.

Die zunehmende Geschwindigkeit der technologischen Entwicklungen, damit verkürzte Halbwertzeiten von Wissens- und Produktlebenszyklen und der Konkurrenzdruck der Unternehmen führen zu einer gestiegenen Belastungssituation sowie Orientierungs- und Bindungsverlusten der Mitarbeiter. (vgl. Rockrohr, 2003, S. 15; Wiese, 2007, S. 247)

1.3.6 Betriebswirtschaftliche Vorteile von Work-Life-Balance

Dadurch, dass Arbeit heute nicht mehr ausschließlich als Mittel zum Zweck, sondern als bereichernde und erfüllende Aufgabe wahrgenommen wird, müssen sich auch die Unternehmen diesen neuen Ansprüchen anpassen und die traditionellen Denkweisen des 20. Jahrhunderts aufgeben. Die individuellen Einstellungen bezüglich Arbeit, Freizeit und Arbeitszufriedenheit haben sich verändert. Arbeitnehmer verlangen nach sichtbaren Wertschätzungen ihrer Arbeitsleistungen. Der Trend geht dahin, sich den geänderten Lebensstil der Mitarbeiter zunutze zu machen, ihn wertschöpfend einzusetzen, die persönliche Bedeutung des Einzelnen zu stärken und dies mit einer flexiblen Entlohnung zu steuern. (vgl. Voelpel, Leibold & Fürchtenicht, 2007, S. 31; Weinert, 2004, S. 42)

Die Mitarbeiter eines Unternehmens sind sowohl wichtige Ressource als auch entscheidender Kostenfaktor (Schmitz, 2006, S. 41). Daher spricht auch aus ökonomischer Sicht vieles dafür, sich für den Erhalt der Gesundheit und die Steigerung der Arbeitszufriedenheit der Beschäftigten einzusetzen.

Dass sich der Einsatz von familienfreundlichen Maßnahmen auch betriebswirtschaftlich rechnet, hat die Kosten-Nutzen-Analyse des BMFSFJ (2005a) gezeigt.

Die ökonomische Bedeutung der Bindung, Unterstützung und Förderung der Leistungsfähigkeit qualifizierten Personals betont auch Thom (2008, S. 235).

Rost sieht in der Unterstützung vereinbarkeitsfördernder Maßnahmen, die über die flexible Arbeitszeitgestaltung hinausgehen, auch einen Wettbewerbsvorteil für Unternehmen, um qualifizierte Mitarbeiter zu rekrutieren. Darüber hinaus kann so die Bindung von Arbeitskräften an das Unternehmen, ihre Loyalität und ihre Arbeitszufriedenheit gestärkt werden. Dies wirkt sich im Endeffekt auch positiv auf die Effizienz des Unternehmens aus. (vgl. Rost, 2004, S. 24 f.)

Die aktuelle staatliche Familienpolitik bietet zwar viele unterstützende Möglichkeiten zur Vereinbarkeit von Beruf und Familie, jedoch kann sie allein das Problem nicht lösen. Oftmals gibt es innerbetriebliche Hürden bei der Vereinbarkeit, die nicht durch staatliche Maßnahmen kompensiert werden können. Darum müssen Unternehmen und Führungskräfte für die Problematik der Vereinbarkeit von Familie und Beruf sensibilisiert werden. Rost (2004) ist der Ansicht, dass es seitens der Betriebe oft an Sensibilität, Verständnis und Informationen zu vereinbarkeitsfördernden Möglichkeiten mangelt. Besonders bei kleinen und mittelständischen Unternehmen besteht noch ein erheblicher Informationsbedarf. (vgl. Rost, 2004, S. 7 ff.)

Rost (2004) ist der Ansicht, dass durch die Schaffung familienfreundlicher Maßnahmen die Mitarbeiter effizienter und motivierter arbeiten und sich dem Unternehmen gegenüber loyaler verhalten werden. Mitarbeiter, die sich mit ihren Interessen im Unternehmen akzeptiert und vertreten sehen, werden auch eher bereit sein, sich verändernden betrieblichen Erfordernissen anzupassen. Die betriebliche Weiterbildung von Mitarbeitern ist ebenfalls eine wichtige Investition, um Mitarbeiter in die Lage zu versetzen, sich

Veränderungen wie zum Beispiel technologischen Innovationen anpassen zu können. Dadurch wird auch die Bindung des Mitarbeiters an das Unternehmen gefördert. (vgl. Rost, 2004, S. 15 f.)

Insgesamt lässt sich seit Mitte der 1990er Jahre eine neue Sichtweise betrieblicher Familienpolitik erkennen. Es geht nicht mehr nur um „die Sicherung der Arbeitsfähigkeit des männlichen Arbeitnehmers" (Schneider, Gerlach, Juncke & Krieger, 2008, S. 3), sondern um die Förderung der Vereinbarkeit von Beruf und Familie für Arbeitnehmer beider Geschlechter. Die übergeordnete Zielsetzung der Unternehmen ist dabei die Bindung und Gewinnung qualifizierter Mitarbeiter (vgl. Schneider et al., 2008, S. 3; Weinert, 2004, S. 42).

Das BMFSFJ betont ebenfalls die positiven Effekte familienfreundlicher Maßnahmen. Auch hier wird der Aspekt der Mitarbeiterbindung an das Unternehmen besonders akzentuiert. Beispielsweise sieht die vom BMFSFJ in Auftrag gegebene Studie der Prognos AG (2005a) die Potenzialerschließung aller Mitarbeiter und deren Bindung an das Unternehmen als zentrales Argument für das Wirkungsspektrum von Work-Life-Balance. (vgl. Prognos, 2005a, S. 2)

Die Möglichkeit zur Vereinbarkeit von Beruf und Familie spielt eine immer größere Rolle bei der Bindung von Fachkräften an ein Unternehmen. Eine repräsentative Umfrage des BMFSFJ (2008b, S. 6) zeigt, dass 78 % der Befragten sich vorstellen können, für eine bessere Vereinbarkeit von Beruf und Familie ihren Arbeitsplatz zu wechseln.
Hinzu kommt die Dimension der gesellschaftlichen Verantwortung moderner Unternehmen. Mit der steigenden Erwerbstätigkeit von Frauen nimmt die Notwendigkeit einer Familienorientierung der Arbeitswelt zu. Arbeitnehmer mit Kindern stehen in einer „doppelten Loyalitätsverpflichtung". Sie sind Betrieb und Familie gleichermaßen verpflichtet. Der einzelne Mitarbeiter wird

heute nicht mehr als reiner Funktionsträger betrieblicher Leistungen gesehen. Er steht als Person mit seinen familiären Beziehungen und Verpflichtungen im Betrachtungsfokus. (vgl. Wingen, 2003, S. 62)

Besonders vor dem Hintergrund des zunehmenden Wettbewerbs um qualifizierte Arbeiter ist es wichtig, sich für vereinbarkeitsfördernde Maßnahmen wie z. B. Arbeitszeitflexibilisierungen und Teilzeitstellen einzusetzen. So kann beispielsweise der vielfach gefürchteten Dequalifizierung von Frauen während der Berufspause entgegengewirkt werden, wenn ein schneller Wiedereinstieg ermöglicht wird (vgl. Rost, 2004, S. 22).

Zu diesem Aspekt hinzu kommt „die Angst vor Veränderungen" (Thom, 2008, S. 237). Die mit einem Veränderungsprozess wie der Einführung einer Work-Life-Balance-Strategie einhergehende Unruhe wird in Unternehmen oft mit dem Verlust an Produktivität und Leistungsfähigkeit gleichgesetzt. Thom (2008) betont, dass dies nicht der Fall sein muss. Stattdessen kann mit einem Umdenken in der Unternehmenskultur eine Quelle neuer Energie, Kraft, Kreativität, Motivation und Leistungsbereitschaft entsehen. (vgl. Thom, 2008, S. 237)

Insgesamt kann betriebliche Familienpolitik als Element der Gesellschaftspolitik und als Bestandteil moderner Unternehmenspolitik verstanden werden und ist eine langfristige Voraussetzung für erfolgreiches unternehmerisches Handeln. (vgl. Wingen, 2003, S. 63)

1.3.7 Resümee

Aus den vorangehend genannten Entwicklungen ergibt sich für Unternehmen, Staat und Gesellschaft die zwingende Notwendigkeit, Work-Life-Balance-Maßnahmen als existenzielle Zukunftsaufgabe zu begreifen.

Wie dargestellt wurde, ist der entscheidende Parameter die demografische Entwicklung in der Bundesrepublik. In einer veralternden Gesellschaft mit einer sinkenden Geburtenrate müssen alle Ressourcen potenzieller Arbeitskräfte eingebunden werden. Work-Life-Balance Strategien tragen maßgeblich dazu bei, dieses Ziel zu erreichen. Dabei ist es wichtig, dass diese Strategien nur sinnvoll im Kontext eines Gesamtkonzeptes eingesetzt werden. Darauf wird in den Kapiteln 2 und 7 noch eingegangen.

In diesem Sinne fordert der Zukunftswissenschaftler Opaschowski (2009), die Frage der Vereinbarkeit von Beruf und Familie für beide Geschlechter als zentrale Herausforderung für die Zukunft anzusehen. Politik und Unternehmen sollen sich gleichermaßen dieser Aufgabe stellen. (vgl. Opaschowski, 2009, S. 21)

2. Work-Life-Balance - die Problematik einer eindeutigen Begriffsabgrenzung

2.1 Die Bedeutung von „Work", „Life" und „Balance" im Kontext der Work-Life-Balance

Der Begriff Work-Life-Balance wird in der Literatur nicht einheitlich verwendet und umschreibt, je nach Kontext, sehr unterschiedliche Aspekte.

Auch die wörtliche Herleitung des Begriffs über die einzelnen Komponenten „Work", „Life" und „Balance" führt zu keiner eindeutigen Lösung. „Work" kann wörtlich mit „Arbeit" übersetzt werden. Jedoch ist damit nicht klar, um welche Form von Arbeit es sich handelt. Im Kontext der Work-Life-Balance Diskussion ist i. d. R. bezahlte Erwerbsarbeit gemeint. Aber auch unentgeltliche Tätigkeiten der Aus- und Weiterbildung gehören zu dem Erwerbsarbeitsbegriff. Je nach Untersuchungsgegenstand und Zugang werden weitere Differenzierungen vorgenommen. (vgl. Zaugg, 2006, S. 5 ff.) Einige davon werden im Laufe dieser Arbeit noch genauer thematisiert. Michalk & Nieder (2007) fassen unter dem Begriff „Work" schwerpunktmäßig die Arbeitswelt zusammen. Diese umfasst einen zeitlichen Aspekt, Tätigkeiten und Handlungen sowie strukturelle Gegebenheiten. (vgl. Michalk & Nieder, 2007, S.19 f.)

„Life" wird im Zusammenhang mit Work-Life-Balance im Allgemeinen mit dem Privat- oder Familienleben gleichgesetzt (vgl. Zaugg, 2006, S. 7 f.). Der Begriff „Life" bezeichnet die freie Zeit, welche nicht mit der Erwerbsarbeit verbracht wird. Ein Aspekt dieser Zeit ist auch das Familienleben.

„Balance" hat sowohl eine physische wie auch psychologische Bedeutung. Demnach kann „Balance" sowohl subjektiv empfunden als auch objektiv gemessen werden. Mit dem Begriff wird in Verbindung mit Work-Life-Balance stets eine positive Bedeutung assoziiert. (vgl. Guest, 2002, S. 260 ff.)

„Balance" kann sich sowohl auf Balance innerhalb einer kurzfristigen Zeitperspektive wie z. B. auf das Alltagshandeln als auch auf eine längerfristige Perspektive wie z. B. das Management verschiedener Lebensphasen beziehen (vgl. Abele, 2005, S. 175 f.).

Zaugg (2006) sieht im „Balance" Begriff ein psychologisches Gleichgewicht, welches durch hohe Autonomie des Individuums erreicht wird (Zaugg, 2006, S. 5 f.). Im folgenden Kapitel 2.2 wird darauf noch einmal Bezug genommen.

2.2   Definition von Work-Life-Balance

Häuser, Ruppenthal und Schneider (2006) definieren Work-Life-Balance als ein Gesamtkonzept, welches darauf abzielt, Mitarbeitern beider Geschlechter zu ermöglichen, dass sie *„Erfolg und Zufriedenheit in der Berufsarbeit, ein glückliches Familienleben und erfüllende soziale Beziehungen im Privatleben"* (Häuser et al. 2006, S. 26) haben. Darüber hinaus sollen die Mitarbeiter Möglichkeiten der Selbstentfaltung und Möglichkeiten zum Erhalt ihrer Gesundheit haben. Häuser et al. sehen darin auch eine positive Wirkung auf die Arbeitsleistung (vgl. Häuser et al., 2006, S. 26).

Kaiser, Ringelstetter und Stolz (2009) fassen Work-Life-Balance als *„ein dynamisches Konstrukt, das nur vor dem Hintergrund individuell-subjektiver Gegebenheiten verstanden werden kann"* zusammen (Kaiser et al. 2009, S. 30).

Klimpel und Schütte (2006) bezeichnen Work-Life-Balance als eine Strategie, deren Ziel es ist, Zufriedenheit und Leistungsfähigkeit von Mitarbeitern langfristig zu erhalten. Dies erfolgt durch die Befriedigung der menschlichen Grundbedürfnisse nach Sicherheit, Gesundheit, sozialer Anerkennung und sozialen Beziehungen sowie Selbstverwirklichung. Work-Life-Balance fügt die Aspekte Gesundheit, Zeitmanagement, Chancengleichheit, Selbstverwirklichung und Familienfreundlichkeit in einem ganzheitlichen Konzept zusammen. (vgl. Klimpel & Schütte, 2006, S. 32)

Nach einer Definition von Zaugg (2006) beschäftigt sich Work-Life-Balance *„mit der Schaffung eines psychologischen Gleichgewichts zwischen dem Erwerbsleben und dem Privatleben anhand von individuellen, organisationalen und gesellschaftlichen Maßnahmen"* (Zaugg, 2006, S. 9). Dabei werden mit dem Begriff der „Arbeit" die Erwerbsarbeit und alle damit einhergehenden Tätigkeiten verbunden. Alle Tätigkeiten, die außerhalb des Erwerbslebens stattfinden, werden dem Privatleben zugerechnet. Die Begriffe „Privatleben" und „Erwerbsleben" verwendet Zaugg (2006) bewusst, da sie auch Tätigkeiten mit einbeziehen, die als zweckgebunden und fremdbestimmt empfunden werden. Daneben gibt es Tätigkeiten, die nicht eindeutig einem Lebensbereich zugeordnet werden können. Zaugg (2006) bezeichnet den Bereich, in dem solche Tätigkeiten zu finden sind, als Überschneidungsbereich.

Sowohl im Bereich des Privatlebens wie auch im Bereich des Erwerbslebens gibt es Aktivitäten, die als selbst- oder fremdbestimmt wahrgenommen werden. Die individuelle Wahrnehmung ist abhängig von der individuellen Einstellung zur jeweiligen Tätigkeit. Zaugg (2006) zufolge ist der Grad der Fremdbestimmung ein Zusatzkriterium, um die individuelle Balance zwischen beiden Bereichen zu untersuchen. Mit „Balance" meint Zaugg (2006) hier eine individuelle Bewertung der Lebenswelten im Sinne eines psychologischen Gleichgewichts. Dies wird durch die Minimierung der als fremdbestimmten Tätigkeiten erreicht. (vgl. Zaugg, 2006, S. 5 f.)

Dass eine hohe Autonomie und Partizipation am Arbeitsplatz das Gleichgewicht zwischen Erwerbs- und Privatleben fördern, belegen auch die Befunde von Guest (2002, S. 269 ff.).

Abbildung 2 fasst diese Überlegungen grafisch zusammen. Alle dargestellten Ellipsen können je nach individueller Bewertung unterschiedlich groß ausfallen. Die Frage, wie die beiden Bereiche miteinander interagieren, wird in Kapitel 4 noch einmal aufgegriffen.

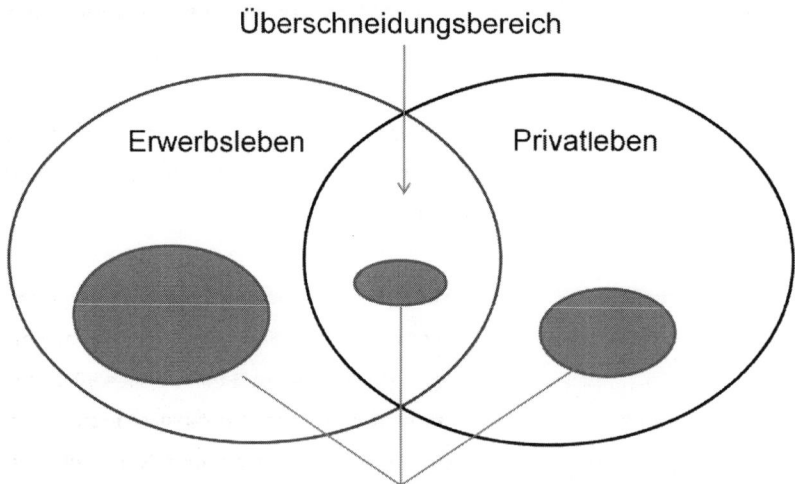

Abbildung 2: Erwerbsleben und Privatleben als Objekte der Work-Life-Balance (vgl. Zaugg, 2006, S. 8)

2.3   Forschungsbereiche von Work-Life-Balance

Insgesamt bezeichnet Work-Life-Balance ein Forschungsgebiet, welches unter diversen Fragestellungen die Qualität und das Verhältnis verschiedener

Arbeits- und Lebensbereiche untersucht (vgl. Resch & Bamberg, 2005, S. 174).

In Anlehnung an das Alltagsverständnis von Work-Life-Balance beschreiben Wachenfeld und Wiesmann (2008) vorrangig zwei Ziele solcher Konzepte. Erstens soll durch sie eine bessere Vereinbarkeit von Beruf und Privatleben erreicht werden. Zweitens tragen sie dazu bei, die Zufriedenheit der Arbeitnehmer zu stärken (vgl. Wachenfeld & Wiesmann, 2008, S. 58).

Es gibt eine Vielzahl wissenschaftlicher Disziplinen, die sich mit Work-Life-Balance beschäftigen. Diese sind vor allem die Soziologie, die Genderforschung im Rahmen der Politikwissenschaften, die Arbeits- und Organisationspsychologie sowie die Betriebswirtschaftslehre im Rahmen des Personalmanagements. Dennoch gibt es keine einheitliche Definition des Begriffs. (vgl. Schobert, 2007, S. 19)

Bei der Forschung zum Themengebiet Work-Life Balance geht es insgesamt um die Koordination und Integration verschiedener Lebensbereiche. Innerhalb der Arbeitspsychologie geht es dabei um die ausdrückliche Berücksichtigung außerberuflicher Lebensbereiche. Konflikte zwischen dem beruflichen und dem privaten Lebensbereich stellen den Kernpunkt der Work-Life-Balance Diskussionen dar. (vgl. Resch und Bamberg, 2005, S.171; Wiese, 2007, S. 246 ff.)

Aus arbeitspsychologischer Sicht geht es nicht nur um den Zustand der Balance zwischen Beruf und Privatleben, sondern auch um die Ausgestaltung der Balance (vgl. Resch & Bamberg, 2005, S. 173). Resch und Bamberg sprechen daher auch von einem „Prozess des Balancierens" (Resch & Bamberg, 2005, S. 173).

Die Balance kann sich sowohl auf Balance innerhalb einer kurzfristigen Zeitperspektive wie z. B. auf das Alltagshandeln als auch auf eine längerfristige Perspektive z. B. das Management verschiedener Lebensphasen, beziehen (vgl. Abele, 2005, S. 175 f.).

Die deutschsprachige Literatur beschäftigt sich schwerpunktmäßig mit der Vereinbarungsproblematik von Familie und Beruf (vgl. Jürgens, 2006, S. 167). Diskussionen um diesen Aspekt werden meist auf familienpolitischer Ebene geführt und betreffen in der Regel die Problematiken berufstätiger Mütter und ihre Belastungen durch die unterschiedlichen Rollen im privaten und beruflichen Bereich.

Zunehmend geht es aber auch um die generelle Notwendigkeit familienfreundlicher Maßnahmen. Immer mehr Väter haben ebenfalls den Wunsch, ihr Berufsleben so zu gestalten, dass sie die Möglichkeit haben, sich neben der Berufstätigkeit im familiären Bereich zu engagieren. (vgl. Michalk & Nieder, 2007, S. 11 f.)

Als wichtigste familienfreundliche Maßnahmen nennt Rost (2004) flexible Arbeitszeiten, Unterstützung bei der Kinderbetreuung sowie eine Personalpolitik, die durch eine familienbewusste Unternehmensphilosophie gekennzeichnet ist (vgl. Rost, 2004, S. 13).

Die Bedeutung von Work-Life-Balance impliziert darüber hinaus die Betrachtung alltäglicher Probleme, welche im Zusammenhang von Berufs- und Privatleben auftreten. Einige Autoren gehen in ihrer wissenschaftlichen Auseinandersetzung bis zur Forderung nach gesellschaftlichen Veränderungen (vgl. Michalk & Nieder, 2007, S. 12).

Die Uneindeutigkeit des Work-Life-Balance Begriffs resultiert auch aus den vielen unterschiedlichen Fragestellungen, die sich aus der Diskussion um die Vereinbarkeit von Berufs- und Privatleben ergeben. Der Zugang zu diesem Themengebiet variiert je nach dem, in welchem Kontext er gebraucht wird. Der wohl gängigste Zugang ist der Genderzugang. Hier steht vor allem die

Vereinbarkeitsproblematik von Beruf und Familie im Vordergrund. Weitere mögliche Zugänge, sich der Work-Life-Balance Problematik zu nähern, sind z. B. der medizinische Zugang, bei dem Fragen der psychischen und physischen Gesundheit im Vordergrund stehen, sowie der Zugang der Organisationspsychologie, der soziologische Zugang, der Zugang über Arbeitslosigkeit und Arbeitsverhältnisse oder auch ökonomische Zugänge. (vgl. Kastner, 2004, S. 68 ff.)

2.4 Betriebswirtschaftliche Bedeutung von Work-Life-Balance

Ursprünglich kommt der Begriff Work-Life-Balance aus dem US-amerikanischen Personalentwicklungsmanagement. Heute wird er als Oberbegriff zu den Wechselwirkungen zwischen Lebensbereichen verwendet. In Deutschland und in den USA geht es bei der Diskussion von Work-Life-Balance primär um die betriebliche Ebene.

Die Idee der Work-Life-Balance Konzepte ist es, durch ein Gleichgewicht der Anforderungen und Bedürfnisse verschiedener Lebensbereiche die Leistungsfähigkeit und Kreativität der Mitarbeiter langfristig zu erhalten. Insbesondere geht es dabei um Rekrutierung hoch qualifizierter Mitarbeiter und ihre Bindung an das Unternehmen, um Wettbewerbsvorteile gegenüber Mitbewerbern zu erzielen. (vgl. Jürgens, 2006, S. 165; Oechsle, 2008, S. 227)

Als Beispiel solcher Programme nennt Jürgens (2006): Fitnessstudios im Betrieb, Supervisionsangebote oder Zeitmanagementseminare sowie die Vermittlung verschiedenster Serviceleistungen wie z. B. Wäsche- und Einkaufsdienst oder Tagesmütter. Ziel der Programme soll sein, die Personalkosten zu senken, indem Ausfallzeiten, Leistungsschwächen und Motivationsverlusten vorgebeugt werden. Dabei bedarf es nicht nur der Einführung von Work-Life-Balance Maßnahmen, sondern es muss eine veränderte Firmenkultur etabliert werden, in der private und betriebliche Ziele miteinander in Einklang gebracht werden können. (vgl. Jürgens, 2006, S. 165)

Ziel betrieblicher Work-Life-Balance Maßnahmen ist es, unter Berücksichtigung privater, sozialer, kultureller und gesundheitlicher Erfordernisse erfolgreiche Berufsbiografien zu ermöglichen. Innerhalb dieser grundsätzlichen Betrachtungsweise bildet die Vereinbarkeit von Beruf und Familie einen zentralen Aspekt. (vgl. Prognos, 2005a, S. 1)

Das BMFSFJ (2005b) versteht Work-Life-Balance ebenfalls als Wirtschaftsthema. Bei erfolgreicher Umsetzung betrieblicher Work-Life-Balance-Maßnahmen entsteht eine dreifache Gewinnsituation. Diese resultiert aus den Vorteilen für die beschäftigten Individuen, die Unternehmen sowie die Gesellschaft insgesamt. Work-Life-Balance wird als: *„neue, intelligente Verzahnung von Arbeits- und Privatleben vor dem Hintergrund einer veränderten und sich dynamisch verändernden Arbeits- und Lebenswelt"* (BMFSFJ, 2005b, S. 4) definiert.

Ziel betrieblicher Work-Life-Balance-Maßnahmen ist es, das Humankapital der Mitarbeiter unter Berücksichtigung privater, sozialer, kultureller und gesundheitlicher Aspekte bestmöglich im Unternehmen nutzen zu können. (vgl. BMFSFJ; 2005b, S. 4)

Typische familienfreundliche[11] Programme sind von den Unternehmen so gestaltet, dass sie sich besonders auf die Commitmentperspektive konzentrieren. Solche familienfreundlichen Programme helfen den Beschäftigten, Konflikte zwischen beruflichen und privaten Anforderungen zu reduzieren. Dadurch werden die Mitarbeiterbindung und die Produktivität des Mitarbeiters gestärkt. (vgl. z. B. Sutton & Noe, 2005, S. 161)

---

[11]Siehe Glossar im Anhang.

2.5 Gesellschaftliche Bedeutung von Work-Life-Balance

Diskussionen um Work-Life-Balance werden in Deutschland meist auf familienpolitischer Ebene geführt und betreffen in der Regel die Problematiken berufstätiger Mütter und ihre Belastungen durch die unterschiedlichen Rollen im privaten und beruflichen Bereich.

Zunehmend geht es aber auch um die generelle Notwendigkeit familienfreundlicher Maßnahmen. Immer mehr Väter haben ebenfalls den Wunsch, ihr Berufsleben so zu gestalten, dass sie die Möglichkeit haben, sich neben der Berufstätigkeit im familiären Bereich zu engagieren (vgl. Michalk & Nieder, 2007, S. 11 f.).

Auch Mohn und Schmidt (2004) sind der Ansicht, dass von einer familienfreundlichen Unternehmenskultur eine dreifache Gewinnsituation ausgeht. Erstens profitieren die Familien, da sie bei der Koordination von Berufs- und Privatleben entlastet werden. Zweitens profitiert der Staat, da er durch höhere Erwerbsbeteiligung mehr Steuern und Sozialabgaben einnimmt. Und drittens bringt eine familienorientierte Personalpolitik Wettbewerbs- und Standortvorteile sowie Kosteneinsparungen mit sich. (vgl. Mohn & Schmidt, 2004, S.15)

Eine strikte Trennung der Begriffe „Work" und „Life" ist besonders vor dem Hintergrund sich wandelnder Arbeitsverhältnisse häufig kaum mehr möglich. Flexible Gestaltungen von Arbeitszeit und -ort sowie die permanente mobile Erreichbarkeit der Mitarbeiter führen vielfach zum Verschwimmen der Grenzen von Arbeit und Freizeit.

In der Literatur wird Work-Life-Balance häufig mit einer gesellschaftspolitischen Aufgabe zur besseren Vereinbarkeit von Beruf und Familie in Verbindung gebracht. Schneider (2007, S. 65) postuliert, dass vor dem Hintergrund der demografischen Entwicklung in Deutschland und in Anbetracht des Wandels der Geschlechterrollen und veränderter Anforderungen im Berufsleben die Erleichterung der Vereinbarkeit beider Bereiche zentraler Bestandteil von Work-Life-Balance Konzepten sein soll. Darüber hinaus sollen Work-Life-Balance Konzepte darauf abzielen, allen

Mitarbeitern „*Zufriedenheit in der Berufsarbeit, ein glückliches Familienleben und erfüllende soziale Beziehungen im Privatleben"* (Schneider, 2007, S. 65) zu ermöglichen.

2.6 Wirkungsweise von Work-Life-Balance Konzepten

Mit der Implementierung von Work-Life-Balance Maßnahmen ist immer ein Umdenken in der Grundhaltung zur Arbeit verbunden. Arbeit ist nicht nur ein Mittel, um das Überleben zu sichern, sondern für die meisten Individuen ein wichtiger Bestandteil ihres Lebens.

Stehen die Bereiche Berufs- und Privatleben dauerhaft im Konflikt zueinander, hat dies sowohl negative Auswirkungen auf die Unternehmen, deren Mitarbeiter sich in diesem Dilemma befinden, als auch auf die beschäftigten Individuen selbst. Schlimmstenfalls kommt es zum Burn-out der Mitarbeiter. Ziel von Work-Life-Balance ist es darum, über die Vereinbarkeit von Beruf und Familie hinaus für Männer und Frauen eine Ausgewogenheit zwischen den beruflichen und privaten Interessen zu schaffen. (vgl. Thom, 2008, S. 233 f.)

Thom (2008) beschreibt Work-Life-Balance daher als: „*Gleichgewicht [...] zwischen Berufs- und Privatleben, zwischen Körper, Geist und Seele, zwischen Arbeit und Entspannung, zwischen Müssen und Wollen"* (Thom, 2008, S. 234).

Die berufundfamilie gGmbH nennt vor allem drei Ebenen, auf denen sich die Implementierung von vereinbarkeitsfördernden Maßnahmen nachhaltig auswirkt. Erstens wirkten diese Maßnahmen im Bewusstsein der vorhandenen Mitarbeiter, weil diese so das Engagement ihres Unternehmens positiv wahrnehmen. Zweitens spielt es eine Rolle bei der Rekrutierung qualifizierten Nachwuchses. Drittens wird dadurch ein Imagegewinn bei den Kunden des Unternehmens erzielt. (vgl. Gemeinnützige Herti-Stiftung, 2008, S. 9)

Kaiser et al. (2009) schlagen eine Unterscheidung zwischen kompensatorischen und echten Work-Life-Balance Maßnahmen vor. Zu den kompensatorischen Maßnahmen zählen sie z. B. Maßnahmen des Stessmanagements, da diese versuchen, vor allem die Symptome von Work-Life-Balance Konflikten zu behandeln. Echte Work-Life-Balance Maßnahmen versuchen darüber hinaus, Lösungen für die Interrollenkonflikte zu finden. Dazu zählen z. B. Maßnahmen zur Arbeitsflexibilisierung. Interrollenkonflikte treten auf, wenn die unterschiedlichen Rollen, die ein Individuum in der Gesellschaft einnimmt, in Konflikt geraten, weil die Partizipation an einer Rolle die Partizipation an einer anderen Rolle erschwert. Die Lösung von Interrollenkonflikten ist nach Kaiser et al. die zentrale Aufgabe von Work-Life-Balance (vgl. Kaiser et al., 2009, S. 30).

Klimpel und Schütte (2006) betonen die Bedeutung des „*Grundbedürfnis[es] des Menschen nach Sicherheit, Gesundheit, Wertschätzung, sozialen Beziehungen und Selbstverwirklichung*" (Klimpel & Schütte, 2006, S. 32) im Zusammenhang mit dem Erhalt der Gesundheit. Daher sollten „*Zielsetzungen von betrieblichen Work-Life-Balance-Maßnahmen [...] mit diesen Erwartungshaltungen in Einklang*" gebracht werden und die *Komponenten Selbstverwirklichung, Chancengleichheit, Gesundheit, Zeitmanagement und Familienfreundlichkeit als ganzheitliches Konzept in sich vereinen*" (Klimpel & Schütte, 2006, S. 32).

In diesem Buch wird Work-Life-Balance in dem engen Betrachtungsrahmen der Vereinbarkeit von Beruf und Familie diskutiert. Somit wird Work-Life-Balance in Anlehnung an Häuser et al. (2006, S. 26) als ein Gesamtkonzept verstanden, welches Arbeitnehmern mit Kindern oder Kinderwunsch die Möglichkeit bietet, Arbeit und Privatleben so miteinander zu verbinden, dass es möglich ist, Erfolg im Berufsleben zu haben und gleichzeitig ein erfülltes Privatleben zu führen.

2.7 Ziele von Work-Life-Balance

In Anlehnung an das Alltagsverständnis von Work-Life-Balance beschreiben Wachenfeld und Wiesmann (2008) vorrangig zwei Ziele solcher Konzepte. Erstens soll durch sie eine bessere Vereinbarkeit von Beruf und Privatleben erreicht werden. Zweitens tragen sie dazu bei, die Zufriedenheit der Arbeitnehmer zu stärken (vgl. Wachenfeld & Wiesmann 2008, S. 58).

Im Ergebnis streben Work-Life-Balance Konzepte einen positiven Erlebniszustand an. Dieser soll sich aus der Erfüllung der Bedürfnisse und Erwartungen im beruflichen und im privaten Bereich ergeben. Das Erleben dieses Balancezustandes ist individuell unterschiedlich und von subjektiven und soziokulturellen Aspekten abhängig (vgl. Wiese, 2007, S. 247).

Work-Life-Balance Konzepte sollen neben ökonomischen Vorteilen Unternehmen die Möglichkeit bieten, Belastungssituationen der Mitarbeiter zu entschärfen und die Wertschätzung des Unternehmens gegenüber seinen Mitarbeitern auszudrücken. Dies soll dann letztendlich zu einer gesteigerten Arbeitsmotivation der Mitarbeiter führen. (vgl. Rockrohr, 2003, S. 15 ff.) Rockrohr beschreibt Work-Life-Balance in diesem Sinn als *„eine Investition in das partnerschaftliche Verhältnis von Unternehmen und Mitarbeitern"* (Rockrohr, 2003, S. 15).

Insgesamt steht das Konstrukt der Work-Life-Balance immer in einem humanistisch orientierten Zusammenhang. Es ist an der ganzheitlichen Betrachtung des Menschen orientiert. (vgl. Thom, 2008, S. 247) Thom bezeichnet Work-Life-Balance daher als *„Schutzschild gegen Burn-out"* (Thom, 2008, S. 247).

2.8 Das Vier-Felder-Schema nach Kastner

Die Vielfalt der Zugänge zeigt, dass eine einheitliche Verwendung des Work-Life-Balance Begriffs kaum möglich ist.

Kastner (2004) sieht den Begriff Work-Life-Balance als Verhältnis von Belastung und Beanspruchung auf der einen und Erholung und Entspannung auf der anderen Seite. Beides findet sowohl im Bereich der Arbeit als auch im privaten Bereich statt. Zugleich verschwimmen auch die Grenzen zwischen Arbeits- und Privatleben immer stärker. (vgl. Kastner, 2004, S. 2 f.)

Abbildung 3 Vier-Felder-Schema (vgl. Kastner 2004, S. 2)

Das Vier-Felder-Schema in Abbildung 3 von Kastner macht deutlich, dass die klassische Einteilung in anstrengende Arbeit und erholsame Freizeit zu kurz greift.

Auch in der Zeit der Berufstätigkeit finden Tätigkeiten statt, die der Regenerierung und Erholung dienen. Andererseits werden in der Freizeit Tätigkeiten ausgeübt, die als belastend und anstrengend empfunden werden. Das sind beispielsweise Tätigkeiten im Haushalt oder die Erziehung von Kindern. Kastner verweist in diesem Zusammenhang auf Erkenntnisse der

Arbeitslosenforschung, die die persönlichkeits- und gesundheitsfördernde Funktion von Erwerbsarbeit erkannt haben. (vgl. Kastner, 2004, S. 2 f.)

Nach Kastner ist das entscheidende Kriterium und Ziel einer gelungenen Work-Life-Balance das Erreichen von Lebensqualität[12]. Damit ist vor allem das subjektive Wohlbefinden einer Person gemeint (vgl. Kastner, 2004, S. 22 ff.).

2.9 Work-Life-Balance Prozess nach Rockrohr

Über die konzeptionelle Beschreibung von Work-Life-Balance hinaus ist es auch möglich, Work-Life-Balance in Form eines Prozesses darzustellen.
Rockrohr (2003, S. 15 f.) beschreibt das Work-Life-Balance Konzept als dreigliedrigen Prozess. Im ersten Schritt signalisiert das Unternehmen den Mitarbeitern, dass sie mit ihren Stärken und Schwächen sowie Leistungspotenzialen und Belastungsfeldern als Individuen akzeptiert werden. In diesem Schritt soll den Mitarbeitern Angst genommen und Kommunikation gefördert werden. Im Anschluss daran wird der Fokus auf das Unternehmen als Ganzes gerichtet. Es geht hier vor allem um die Sensibilisierung der Führungskräfte. Ziel ist es, dass Führungskräfte lernen, Symptome und Signale stressbedingter Überlastungen der Mitarbeiter zu erkennen und sich mit diesen auseinanderzusetzen. Im dritten Schritt sollen in einem freien Diskurs Probleme innerhalb der Arbeitsabläufe identifiziert werden. Rockrohr (2003) sieht Work-Life-Balance als Möglichkeit zur Begleitung einer umfassenden Zusammenarbeit und Führungskultur. Das Ergebnis dieses Prozesses ist, dass sich die von den Mitarbeitern erlebte Wertschätzung auf ihre Leistung und die Qualität ihrer Arbeit sowie auf eine langfristige Unternehmensbindung auswirkt.

---

[12]Siehe Glossar im Anhang.

Work-Life-Balance wird als eine Investition in ein partnerschaftliches Verhältnis von Mitarbeitern und Unternehmen verstanden. Welche Maßnahmen dazu eingesetzt werden sollten, lässt sich nur nach Analyse der Unternehmenssituation und der Bedürfnisse der Mitarbeiter entscheiden. Besonders ausschlaggebend für ein gelungenes Work-Life-Balance Konzept sind nach Rockrohr (2003) vor allem dessen Glaubwürdigkeit und die Wertschätzung der Mitarbeiter. Dies lässt sich oft schon mit geringen finanziellen Mitteln erreichen. (vgl. dazu auch Häuser et al., 2006, S. 28) Work-Life-Balance Konzepte arbeiten vorwiegend auf dem Gebiet der Prophylaxe und Prävention. Ihre Wirkung ist nachhaltig und tritt in der Regel mittelfristig ein (vgl. Rockrohr, 2003, S.16 f.).

3. Work-Life-Balance durch familienfreundliche Maß nahmen

3.1 Betriebliche Familienpolitik, betriebliches Familienbewusstsein und Familienfreundlichkeit

Neben der im allgemeinen Sprachgebrauch häufig üblichen synonymen Verwendung der Begriffe „betriebliche Familienpolitik", „betriebliches Familienbewusstsein" und „Familienfreundlichkeit" gibt es in einigen Literaturquellen exakte Abgrenzungen und Definitionen der genannten Begriffe. Diese Unterscheidungen sind nur im Kontext ihrer jeweiligen Quellen von entscheidender Bedeutung. In der Regel werden in der Literatur keine expliziten Unterscheidungen getroffen. Im Folgenden werden die möglichen Differenzierungen dargestellt.

Familienbewusstsein

Schneider, Gerlach, Heinze, & Wieners (2010) wählen gezielt den Begriff „familienbewusst". Dieser beschreibt ihrer Ansicht nach am treffendsten den Investitionscharakter einer bewussten unternehmerischen Entscheidung und damit verbundene Renditeerwartungen. Unter Rendite werden hier auch nicht monetäre Renditeaspekte wie z. B. die Verringerung von Fehlzeiten verstanden (vgl. Schneider et al., 2010, S. 126).

Betriebliche Familienfreundlichkeit
Botsch, Lindecke & Wagner (2007) hingegen wählen wie z. B. auch die Bundesregierung (z. B. BMFSFJ, 2005a) den Begriff „Familienfreundlichkeit". Darunter verstehen sie alle Maßnahmen, die von Betrieben als familienfreundlich deklariert wurden. Somit werden einzelne Maßnahmen von der Frauenförderung bis hin zu Work-Life-Balance Konzepten, die allen Mitarbeitern zur Verfügung stehen, als familienfreundlich interpretiert.

Schneider et al. (2010) definieren betriebliches Familienbewusstsein
„als Ergebnis von Informationsprozessen zwischen Management und Belegschaft, einem dynamischen und flexiblen Maßnahmenangebot zur besseren Vereinbarkeit von Beruf und Familie sowie einer ganzheitlichen Akzeptanz familialer Verpflichtungen sowie deren Auswirkungen und Anforderungen" (Schneider et al., 2010, S. 132).

Betriebliche Familienpolitik
Auch der Begriff „betriebliche Familienpolitik" wird in der Literatur nicht einheitlich verwendet. Althammer (2007, S. 45) bezeichnet damit eine „familienbewusste" bzw. „familienorientierte Personalpolitik". Seiner Definition nach sind die Begriffe „familienbewusst", „familienfreundlich" und „familienorientiert" bedeutungssynonym.
In Anlehnung an eine Beschreibung der OECD bestimmen Althammer zufolge vor allem zwei Aspekte die betriebliche Familienpolitik. Erstens gehen betriebliche Maßnahmen über die gesetzlich vorgeschriebenen hinaus und zweitens können nur die betroffenen Arbeitnehmer selbst entscheiden, ob es sich bei einer Maßnahme um ein familienfreundliches Angebot handelt oder nicht. (vgl. Althammer, 2007, S. 45 f.)

Das Bundesministerium gebraucht die Begriffe „familienfreundlich", „familienorientiert" sowie „Maßnahmen zur besseren Vereinbarkeit von Familie und Beruf" und „Work-Life-Balance" ebenfalls parallel, ohne jedoch eine begriffliche Unterscheidung vorzunehmen (vgl. z. B. BMFSFJ, 2005).

Oechsle (2008) und Resch (2007) beschreiben ebenfalls die Problematik der Unschärfe bei der Verwendung der Begrifflichkeiten im Zusammenhang mit der Work-Life-Balance Thematik. Es fehlt an klaren Definitionen und Abgrenzungen des Forschungsgegenstandes. (vgl. Oechsle, 2008, S. 227 f.; Resch, 2007, S. 103 f.)

3.2 Familienfreundlichkeit in deutschen Unternehmen

3.2.1 Ziele familienbewusster Personalpolitik

Schneider et al. (vgl. 2008, S. 12 ff.) haben einen Überblick von Studien[13] erstellt, die sich mit den Auswirkungen, Motiven und Zielen familienbewusster Personalpolitik seit 2000 beschäftigt haben. Die in den Studien erstellten Befunde bezüglich der jeweiligen Einzelziele wurden von Schneider et al. (2008) zu Zielbereichen aggregiert. Die in den Studien aufgefundenen Einzelziele: „Zufriedenheit der Mitarbeiter erhöhen", „Zeitsouveränität der Mitarbeiter erhöhen" und „ein guter Arbeitgeber sein" wurden nach diesem Verfahren beispielsweise zum Zielbereich: „Arbeitszufriedenheit" zusammengefasst.

Insgesamt wurden die folgenden 10 Zielbereiche, die aus Unternehmenssicht eine Rolle bei dem Einsatz familienbewusster Personalpolitik spielen, identifiziert:

---

[13] Schneider et al. (2008) beziehen folgende Studien in ihre Zusammenfassung ein:
Konrad & Mangel (2000); TNS Emnid (2002); Gemeinnützige Hertie-Stiftung (Hrsg.) (2003); Backes-Gellner u.a. (2003); BMFSFJ (Hrsg.) (2003); Yasbek (2004); Bloom u.a. (2006); BMFSFJ (2006); Gerlach et al. (2007) sowie Managing Work/Life Balance (2007).

1. Arbeitszufriedenheit
2. Motivation
3. Fehlzeiten
4. Mitarbeiterbindung
5. Humankapitalakkumulation
6. Such- und Einarbeitungskosten
7. Mitarbeitergewinnung
8. Bewerberqualität
9. Kosten vakanter Stellen
10. Mitarbeiterproduktivität

3.2.2 Handlungsfelder familienfreundlicher Maßnahmen

Dadurch, dass Work-Life-Balance wie bereits in Kapitel 2 beschrieben kein eindeutig zu definierendes Konzept ist, existieren auch verschiedene Einteilungen bei der Identifizierung der Handlungsfelder oder möglicher Einzelmaßnahmen.

Die Prognos AG (2003, S. 4) teilt die Maßnahmen in folgende Handlungsfelder ein:

- Flexibilisierung von Lage und/oder Dauer der Arbeitszeit
- Arbeitseinsatzplanung
- Flexibilisierung des Arbeitsortes
- Personalentwicklung/-führung
- Flankierender Service
- Gesundheitsprävention

Das Institut der Wirtschaft Köln nimmt in seiner seit 2003 regelmäßig stattfindenden Unternehmensbefragung zur Familienfreundlichkeit der deutschen Wirtschaft eine Unterteilung in vier Themenbereiche vor[14].

- Arbeitszeitflexibilisierung und Telearbeit
- Kinder- und Angehörigenbetreuung
- Familienservice und Beratungsangebote
- Förderung von Frauen und Eltern
  (Flüter-Hoffmann & Solbrig, 2003, S. 7)

Zudem ist auch eine Einteilung in primäre, sekundäre und unterstützende Maßnahmen denkbar. Eine solche Einteilung nimmt Dorniok (2006, S. 7 f.) vor.

- **Primäre Maßnahmen** betreffen die Beschäftigten und ihre Arbeit direkt. Dabei geht es um Faktoren wie Arbeitszeit, Arbeitsort, Arbeitsabläufe, Arbeitsinhalte und Arbeitsorganisation. Beispielhaft genannt werden: Jobsharing[15], Teamarbeit, flexible Maßnahmen von Arbeitszeit und -ort und Telearbeit.

- **Sekundäre Maßnahmen** begleiten und unterstützen die Umsetzung primärer Maßnahmen, beeinflussen diese oder werden im Anschluss an primäre Maßnahmen eingesetzt. Die Informations- und Kommunikationspolitik über angebotene Work-Life-Balance Maßnahmen ist ein Beispiel für sekundäre Maßnahmen.

---

[14] Es handelt sich um die Befragung zur Familienfreundlichkeit 2003 (vgl. Flüter-Hoffmann & Solbrig), den Unternehmensmonitor 2006 (vgl. BMFSFJ, 2006) und den Unternehmensmonitor 2010 (vgl. BMFSFJ, 2010). Insgesamt umfasst diese Einteilung 26 einzelne Maßnahmen. Diese werden in Kapitel 6.2 detaillierter aufgeführt.

[15] Siehe Glossar im Anhang.

- **Unterstützende Maßnahmen** beinhalten die finanzielle und soziale Unterstützung der Mitarbeiter. Sie betreffen nicht die Arbeit direkt, sonder unterstützen die Wirkung der anderen Maßnahmen. Beispielhaft zu nennen sind: Kinderbetreuungsmöglichkeiten, Gesundheitsprogramme, Kinderbonusgeld, Gesundheitsprogramme und Haushaltsservice.

In Anlehnung an Dorniok (2006) gliedert auch Koschmieder die Work-Life-Balance Maßnahmen in primäre und sekundäre Maßnahmen.

Koschmieder unterteilt die Work-Life-Balance Konzepte nach der Lebenssituation der einzelnen Mitarbeiter. Sie stellt Maßnahmen für Berufseinsteiger, Familien und ältere Arbeitnehmer vor. (vgl. Koschmieder, 2008, S. 21 ff.)

Auch eine engere Zusammenfassung der Maßnahmen nach Schwerpunkten ist denkbar. Das BMFSFJ (2005, S. 15 f.) schlägt dazu folgende Einteilung vor:

- Maßnahmen zur intelligenten Verteilung der Arbeitszeit im Lebensverlauf zu einer ergebnisorientierten Leistungserbringung
- Maßnahmen zur Flexibilisierung von Zeit und Ort der Leistungserbringung
- Maßnahmen, die auf die Mitarbeiterbindung zielen[16]

In diesem Buch wird, wie einleitend in Kapitel 1 erläutert, die Einteilung der berufundfamilie gGmbH herangezogen. Diese nimmt eine Unterteilung in acht Handlungsfelder vor.

Tabelle 1 stellt die einzelnen Handlungsfelder sowie deren potenziellen Nutzen für das Unternehmen dar.

---

[16] Das BMFSFJ weist darauf hin, dass die Maßnahmen zur Gesundheitsprävention hier eingeschlossen werden, aber unter anderer Schwerpunktsetzung auch ein eigenes Handlungsfeld darstellen können(BMFSFJ, 2005, S. 17).

	Handlungsfeld	Kurzbeschreibung	Nutzen
1.	Arbeitszeit	Flexible Gestaltung von Umfang, Lage und Frei-stellungsregelungen	Flexibler Einsatz der Personalressourcen
2.	Arbeits-organisation	Flexible Gestaltung und Verteilung von Arbeits-aufträgen	Multifunktionaler Personaleinsatz
3.	Arbeitsort	Flexibler Arbeitsort (zu Hause, auf Reisen)	Zeit- und Kosten-einsparungen
4.	Informations- und Kommunikations-politik	Unternehmensinterne Informationsarbeit über unterstützende Aktivitäten des Betriebs	Unterstützung der Wirksamkeit der Maßnahmen
5.	Führungs-kompetenz	Familienbewusstes Verhalten der Führungskräfte, aktive Unterstützung der Mitarbeiter	Kompetenzerweiterung der Führungskräfte
6.	Personal-entwicklung	Fortbildungs- und Förderungsmöglichkeiten für Beschäftigte mit Familie	Qualifikationserhalt und Nutzung der in der Familie erworbenen Kompetenzen
7.	Entgelt-bestandteile und geldwerte Leistungen	Finanzielle und soziale Unterstützung Beschäftigter mit Familie	Bedarfs- und sozialgerechte Entgeltpolitik
8.	Service für Familien	Versorgungsarrangements für Kinder oder pflegebedürftige Angehörige	Reduzierung der Wiedereinarbeitungs-kosten

Tabelle 1 Handlungsfelder des audits berufundfamilie

(Eigene Darstellung in Anlehnung an berufundfamilie gGmbH, n. d., S. 4 und Fauth-Herkner, Münich- Wienes & Wiebrock, 1999, S. 264,

3.2.3 Leitbilder familienfreundlichen Handelns

Botsch et al. unterteilen familienfreundliches Handeln nach betrieblichen Leitbildern. Durch ihre Studie konnten sie drei unterschiedliche Typen identifizieren.

Typ 1 der familienfreundlichen Betriebe orientiert sich an der männlichen „Normalarbeiterbiografie". Die Vereinbarkeit von Beruf und Familie gilt als Privatsache, Einzelmaßnahmen zur Familienfreundlichkeit werden als Bonus angesehen. (vgl. Botsch et al., 2007, S. 9 f.) Hier liegt das traditionelle Ernährermodell zugrunde. Bei diesem arbeitet der Mann Vollzeit und die (Ehe-) Frau übernimmt die Aufgabe der Kindererziehung und des Haushalts. Nach der Geburt von Kindern kehren Frauen im Anschluss an die Elternzeit entweder nicht mehr in den Betrieb zurück oder finden individuelle Lösungen für die Vereinbarkeit von Familie und Beruf. Betriebe mit diesem Leitbild sehen es nicht als Problem an, Beschäftigte mit Vereinbarkeitsproblemen zu verlieren. Wenn dennoch seitens der Betriebe des Typs 1 familienfreundliche Maßnahmen angeboten werden, werden sie selektiv zur Bindung einzelner Mitarbeiter, als Kompensation für schlechte Entlohnung oder als freiwillige Bonusleistung eingesetzt. In der Regel wird das Thema von betrieblicher Seite nicht aufgegriffen.

Als **Typ 2** identifizierten Botsch et al. (2007) Betriebe, die Familienfreundlichkeit als kompensatorische Maßnahme einsetzen. Hier wird das Vereinbarkeitsproblem als „spezifische Lebenssituation" interpretiert. Es existiert ein Bewusstsein dafür, dass Mitarbeiter, die familiäre Verpflichtungen haben, dem Betrieb nicht im selben Umfang zur Verfügung stehen können wie Mitarbeiter, die keinerlei Verpflichtungen haben. Dieses wird als „temporäres Handicap" der betroffenen Mitarbeiter betrachtet. Voraussetzung für betriebliche Aktivitäten zur Vereinbarkeitsförderung ist in der Regel die Initiative der betroffenen Mitarbeiter. Die Förderung von Familie und Beruf wird als besonderes betriebliches Entgegenkommen angesehen, welches aus Imagegründen gern nach außen kommuniziert wird.

Betriebe des **Typ 3** versuchen Familienfreundlichkeit durch die Förderung der Geschlechtergleichstellung herzustellen. (vgl. Botsch et al., 2007, S. 20 f.) Die verantwortlichen Akteure im Betrieb sehen die Vereinbarkeitsproblematik als Teil „eines strukturellen, gesellschaftlichen Defizits, das eng mit der traditionellen geschlechtshierarchischen Arbeitsteilung zusammenhängt." (Botsch et al., 2007, S. 22) Betriebe dieses Typs greifen das Thema Familienfreundlichkeit offen auf und gehen auf die Bedarfe der Beschäftigen ein. Strategisch wird das Thema mit der Gleichstellung der Geschlechter verbunden. Leitbilder wie das bei Typ 1 Skizzierte sollen überwunden werden. Das Ziel besteht darin, die Potenziale von Frauen zu fördern. Imagegewinne sollen nicht gezielt durch die Vereinbarkeitsförderung erzielt werden. (vgl. Botsch et al., 2007, S. 22 f.)

Die Unterteilung in die verschiedenen Typen zeigt, welche Rolle die Kultur eines Unternehmens spielt, wenn es darum geht, Work-Life-Balance Konzepte in einem Unternehmen zu implementieren. Unternehmen des ersten Typs müssten erst grundlegende Wandlungsprozesse in der Unternehmenskultur durchlaufen, um im ganzheitlichen Sinne Work-Life-Balance erfolgreich zu verwirklichen. Unternehmen des dritten Typs nehmen ihre Mitarbeiter in ihrer gesamten Lebenssituation war, es findet eine Abstimmung der Bedürfnisse von Unternehmen und Mitarbeitern statt. Damit haben Unternehmen dieses Typs gute Aussichten, Work-Life-Balance erfolgreich umzusetzen.

3.3 Instrumente der berufundfamilie gGmbH

3.3.1 Das berufundfamilie audit

Bis zum Ende der 1980er Jahre waren die Bereiche Beruf und Familie in der Unternehmensrealität überwiegend zwei voneinander gänzlich unabhängige Bereiche. Die gemeinnützige Hertie Stiftung sah schon damals in einer familienbewussten Personalpolitik eine soziale Innovation, von der Mitarbeiter und Unternehmen gleichermaßen profitieren können. Darum führte sie von 1995-1998 das Pilotprojekt *„Mit Familie zum Unternehmenserfolg"* durch (vgl. Stickling, 2008, S. 30). Im Anschluss an dieses Projekt wurde 1998 die berufundfamilie gGmbH gegründet. Hier werden alle Familien unterstützenden Aktivitäten der Hertie Stiftung gebündelt. (vgl. Gemeinnützige Hertie-Stiftung, 2008, S. 3 ff.) Das audit berufundfamilie wurde in Anlehnung an den 1991 veröffentlichten family-friendly-index[17] aus den USA entwickelt. Maßnahmen und Empfehlungen wurden weiterentwickelt und an die Bedingungen in Deutschland angepasst. (vgl. Gemeinnützige Herti-Stiftung, 1998, S. 6)

Zentrale Angebote sind die strategischen Management Instrumente, welche individuelle Lösungen zur besseren Vereinbarkeit von Beruf und Familie bieten. Das ist zum einen das audit berufundfamilie, welches sich an alle privaten Unternehmen und öffentlichen Institutionen richtet, sowie das audit „familiengerechte hochschule" für Fachhochschulen und Universitäten. (vgl. Gemeinnützige Hertie-Stiftung, 2008, S. 3 ff.)

Das audit berufundfamilie ist ein vielseitig einsetzbares Instrument, welches sich gleichermaßen an Wirtschaftsunternehmen aller Branchen und Betriebsgrößen sowie an den öffentlichen Dienst richtet (vgl. Rost, 2008, S. 59).

Die berufundfamilie gGmbH ist Ansprechpartner der Institutionen und Unternehmen für alle Fragen bezüglich des audit berufundfamilie. Zudem ist sie für die Vergabe der Zertifikate und die Einbindung der Teilnehmer in das Netzwerk der auditierten Unternehmen und Institutionen zuständig. (vgl. berufundfamilie gGmbH, n. d., S, 3)

Das audit berufundfamilie ist ein personalpolitisches Controllinginstrument, welches in allen Branchen und Betriebsgrößen einsetzbar ist. Es erfasst die Maßnahmen, die bereits zur Vereinbarkeit von Beruf und Familie angeboten werden und unterstützt Unternehmen bei der nachhaltigen Umsetzung einer

---

[17] Siehe Glossar im Anhang.

familienbewussten Personalpolitik. (vgl. Gemeinnützige Herti-Stiftung, 1998, S. 6 f.)

Ziel der Auditierung ist das Erreichen einer Balance zwischen Unternehmensinteressen und Mitarbeiterbelangen. (vgl. berufundfamilie gGmbH, n. d., S. 4 f)

Das berufundfamilie audit spricht sowohl Unternehmen an, die sich bereits für eine familienbewusste Personalpolitik einsetzen, wie auch Unternehmen, die gerade erst beginnen, sich mit der Thematik auseinanderzusetzen. Einerseits begutachtet das audit bestehende Programme, andererseits bietet es betriebsindividuelle Unterstützung bei der Einführung einer familienbewussten Unternehmensstrategie. (vgl. Becker, 2003, S. 23)

Das audit lässt sich in allen Wirtschaftsunternehmen sowie im öffentlichen Dienst einsetzen. Unternehmensbranche und -größe spielen keine Rolle, da mithilfe des audits ein Prozess in Gang gesetzt wird, um die familienbewusste Personalpolitik individuell zu fördern. Innerhalb eines einzelnen Unternehmens können und sollen nicht alle Maßnahmen des berufundfamilie audits umgesetzt werden. Vielmehr geht es darum, auf Basis des Istzustands Schwachstellen zu analysieren, durch die Einleitung von Veränderungsstrategien die Unternehmenskultur familienfreundlich auszurichten und die ausgewählten Maßnahmen zielgerichtet im Gesamtkontext einzusetzen. Dafür werden überwiegend qualitative sowie auch gezielt ausgewählte quantitative Daten herangezogen.

Das audit kann sowohl im gesamten Unternehmen als auch in einzelnen Teilbereichen angewendet werden. Durch das audit wird auch der Austausch mit anderen Unternehmen gefördert. Zusätzlich lässt es sich als ex- und internes Benchmarkinginstrument [18] einsetzen. (vgl. Gemeinnützige Herti-Stiftung, 1998, S. 6 ff.)

Durchgeführt wird die Auditierung von Auditoren, die von der berufundfamilie gGmbH geschult und lizenziert wurden. Sie werden in einem jährlichen

---

[18] Siehe Glossar im Anhang.

Seminar informiert und weitergebildet. Zudem unterliegt ihre Arbeit regelmäßigen Qualitätskontrollen (vgl. berufundfamilie gGmbH, n. d., S. 4 f.). Das betriebsindividuelle Entwicklungspotenzial wird systematisch anhand eines Katalogs aus acht Handlungsfeldern ermittelt. Diese decken die klassischen Bereiche der Personalpolitik ab. Im Einzelnen geht es dabei um acht Bereiche. Diese werden im Einzelnen in Kapitel 3.2.2 beschreiben.

Innerhalb dieser Handlungsfelder gibt es insgesamt mehr als 150 Einzelmaßnahmen. Zur Veranschaulichung des Facettenreichtums der Maßnahmen können beispielhaft lebensphasenorientierte Arbeitszeiten, Sabbaticals, Teamarbeit, Qualitätszirkel, Vertretungsregelungen, verschiedene Formen der Telearbeit, Umzugsservice, Berichte in der Betriebszeitung, Familientage, Führungsmaßnahmen, Kontakthalte- und Wiedereinstiegsprogramme, Unterstützung aktiver Vaterschaft, Darlehen, Haushaltsservice, Servicestellen für Familien oder Belegplätze in Altenheimen genannt werden.

Im Anschluss an die Potenzialermittlung werden aufeinander abgestimmte individuelle Lösungen und Strategien für das jeweilige Unternehmen entwickelt. Es geht dabei darum, in einem kontinuierlichen Prozess eine Gesamtstrategie zu entwickeln, welche sowohl für das Unternehmen wie auch für die Beschäftigten positive Effekte hat. Die Auditierung ist in der Regel nach zwei Monaten abgeschlossen. Im Zuge der Auditierung werden konkrete Ziele und Maßnahmen erarbeitet, und anschließend erfolgt die Vergabe eines Zertifikats. Die praktische Umsetzung der Maßnahmen wird jährlich durch die berufundfamilie gGmbH überprüft. Nach drei Jahren wird eine Re-Auditierung durchgeführt. Dabei werden die weiterführenden Ziele vereinbart und es wird geprüft, inwieweit die gesetzten Ziele bislang erreicht wurden. Wenn die Re-Auditierung erfolgreich war, wird das Zertifikat bestätigt, und die geprüften Unternehmen dürfen das Qualitätssiegel des audit berufundfamilie führen. Eine erneute Überprüfung erfolgt dann nach weiteren drei Jahren. (vgl. Gemeinnützige Hertie- Stiftung, 2008, S 5).

Für die auditierten Unternehmen besteht die Möglichkeit, das Netzwerk der berufundfamilie gGmbH zu nutzen und an damit verbundenen Treffen teilzunehmen. Außerdem werden themenspezifische Fortbildungsmöglichkeiten angeboten (vgl. berufundfamilie gGmbH, n. d., S, 4).

Der detaillierte Ablauf der Auditierung kann der folgenden Abbildung 4 entnommen werden.

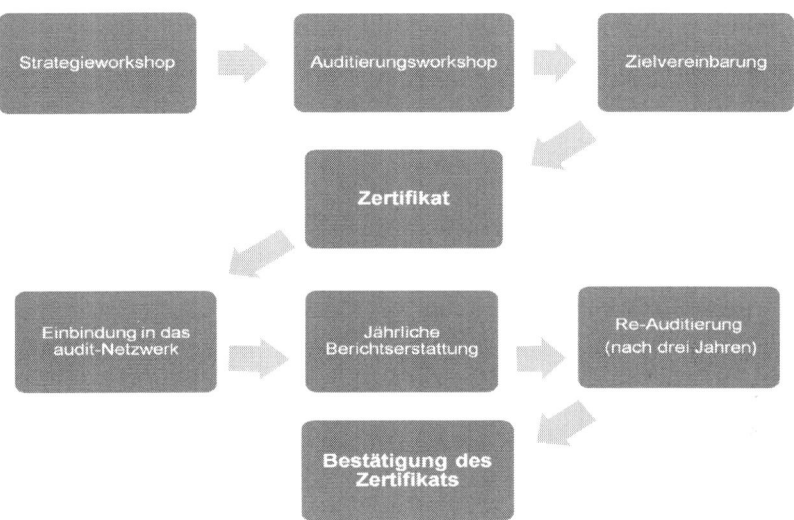

Abbildung 4 Ablauf der Auditierung des berufundfamilie audits
(Eigene Darstellung nach Gemeinnützige Hertie-Stiftung, 2008, S. 4)

3.3.2 Der berufundfamilie-Index

Neben dem audit berufundfamilie hat das FFP für die berufundfamilie gGmbH den berufundfamilie-Index entwickelt. Dabei handelt es sich um ein wissenschaftlich fundiertes Instrument zur individuellen Messung des betrieblichen Familienbewusstseins. Durch den berufundfamilie-Index wird betriebliches Familienbewusstsein mit anderen Unternehmen vergleichbar.

Der Index bildet betriebliches Familienbewusstsein über die drei Dimensionen „Dialog", „Leistung" und „Kultur" ab. So soll das gesamte Spektrum betrieblichen Familienbewusstseins erfasst werden. (vgl. Gemeinnützige Hertie-Stiftung, 2008, S. 15) Die Dimension „Dialog" erfasst Informations- und Kommunikationsprozesse. Dabei geht es im Wesentlichen um die Erfassung, Analyse und Interpretation der Mitarbeiterbedürfnisse in Bezug auf ihre Vereinbarkeitsbedürfnisse. Darüber hinaus sind auch externe Informationen und die interne Unternehmenskommunikation Dialog bezogene Aspekte. Jeder der Aspekte wird über unterschiedliche Indikatoren abgefragt.

Mit der Dimension „Leistung" wird das quantitative Maßnahmenangebot im Unternehmen erfasst. Mittels Indikatoren werden zusätzlich auch qualitative Aspekte wie etwa die Nachfrageadäquanz und die Ausdifferenzierung des Angebots erfasst. Zusätzlich finden finanzielle Aufwendungen, die Historie des betrieblichen Familienbewusstseins und die Anpassungsflexibilität des Unternehmens bei der Leistungserfassung Berücksichtigung.

Das im Unternehmen etablierte Familienbewusstsein wird durch die Dimension „Kultur" gemessen. Hauptsächlich geht es dabei um Wertnormierungen, die Führungskultur und das Betriebsklima. (vgl. Schneider et al., 2008, S. 7 ff.)

Auf Basis der drei festgelegten Dimensionen kristallisierten sich elf Subdimensionen heraus. Diese lassen sich in 19 Indikatoren aufteilen. Unter Zuhilfenahme von Studien und Expertengesprächen wurden daraus 21 Items (vgl. Schneider et al., 2010, S. 133) in Form von Einschätzungsfragen mit intervallskalierten Antworten abgeleitet (vgl. Schneider et al., 2008, S. 7 ff.).

Auf Basis der Antworten wird dann der Indexwert berechnet. Ein Wert von 0 bedeutet, dass das Unternehmen überhaupt nicht familienbewusst ist. Ein Wert von 100 sagt aus, dass es sich um ein sehr familienbewusstes Unternehmen handelt. (vgl. Schneider et al., 2008, S. 7 ff.)

3.4 Familienfreundliche Maßnahmen

An dieser Stelle soll keine detaillierte Beschreibung einzelner Work-Life-Balance Maßnahmen vorgenommen werden. Eine genaue Erläuterung der verschiedenen Ausgestaltungsmöglichkeiten der einzelnen Maßnahmen ist im Untersuchungskontext nicht sinnvoll. Entscheidend für ein gelungenes Work-Life-Balance Konzept im Sinne der humanistischen Betrachtungsweise ist nicht der Einsatz ausgewählter isolierter Einzelmaßnahmen, sondern nur die ganzheitliche Umsetzung dieses Konzepts.

In der Literatur finden sich neben den in Kapitel 3.2.1 beschriebenen Einteilungen auch Hinweise auf Maßnahmen, die explizit als familienfreundlich verstanden werden. Deren Fokus liegt primär auf ihrem betriebswirtschaftlichen Nutzen.

Aus Unternehmensperspektive sollen vereinbarkeitsfördernde Maßnahmen vor allem die Arbeitskraft der Arbeitnehmer trotz Familienpflichten erhalten. Potenziellen Mitarbeitern mit konkreten und/oder diffusen familiären Verpflichtungen sollen sie die Möglichkeit bieten eine Erwerbstätigkeit im Unternehmen aufzunehmen. Oberstes Ziel der familienbewussten Personalpolitik ist die Bindung aktueller Mitarbeiter ans Unternehmen und die Rekrutierung potenzieller Mitarbeiter. (Schneider et al., 2008, S. 11 f.)

Maßnahmen zur Rückkehrförderung von Mitarbeitern aus der Elternzeit zielen in erster Linie auf den Erhalt gut qualifizierter Fachkräfte ab um diese an das Unternehmen zu binden und eine eventuelle Aufgabe ihres Arbeitsplatzes zu verhindern (vgl. Botsch et al., 2007, S.126 f.).

Flexible Arbeitszeiten

Normalerweise werden besonders Maßnahmen zur Flexibilisierung der Arbeitszeit als besonders familienfreundlich eingestuft.

Für die Einführung von flexiblen Arbeitszeiten sprechen verschiedene Aspekte. Erstens können flexible Arbeitszeiten dazu beitragen den Mitarbeitern Spielräume für ihre individuelle Vereinbarkeit von Familie und Beruf zu ermöglichen. Zweitens können auch betriebliche Notwendigkeiten wie zum Beispiel gestiegener Konkurrenzdruck die Flexibilisierung der Arbeitszeiten erfordern. Drittens kann die Einführung von flexiblen Arbeitszeiten auch genutzt werden, um Eigenverantwortung und Motivation zu erhöhen. Dies soll durch ergebnisorientiertes Arbeiten [19] erfolgen. Darüber hinaus können auch Veränderungen in der Unternehmenskultur eine Rolle bei der Einführung dieses Instruments spielen. (vgl. Schmitz, 2006, S. 42 ff.)

In Kapitel 7 wird eine kritische Auseinandersetzung mit den Maßnahmen der Arbeitsflexibilisierung erfolgen.

4. Theoretische Einordnung von Work-Life-Balance

4.1 Klassische Modelle von Arbeit und Privatleben

Jede Theorie kann nur einen Ausschnitt der Wirklichkeit abbilden. Von einer einzelnen Theorie kann daher keine vollständige Aufklärung über die Wirkung von Work-Life-Balance Konzepten auf die in dieser Arbeit untersuchten Konstrukte Arbeitszufriedenheit und Commitment erwartet werden. Dennoch liefern die folgenden Modelle in ihrer Summe Hinweise auf die Wirkungszusammenhänge.

Es existiert eine Vielzahl von Theorien und Modellen, die versuchen, die Interaktionen zwischen dem Berufs- und Privatleben zu beschreiben. Die einschlägige Literatur verweist in diesem Zusammenhang besonders auf das Segmentationsmodell, das Kompensationsmodell und das Spillover Modell (vgl. z. B. Lambert, 1990, S. 241). Diese Theorien werden um die Border Theorie von Clark (2000) ergänzt. Allen Theorien gemeinsam ist, dass sie versuchen, eine Erklärung für die Richtung und das Ausmaß der wechselseitigen Beeinflussung der Lebensbereiche Berufs- und Privatleben zu geben.

Das Konfliktmodell beschreibt, dass die vielen Ansprüche und Erwartungen an das Individuum im Privatbereich und bei der Arbeit zu einer

---

[19] Siehe Glossar im Anhang.

Unvereinbarkeit der Bereiche führen. Dadurch kommt es zu Stress und Überlastung. (vgl. Guest, 2002, S. 258 f.)

Das Konfliktmodell knüpft an das Segmentationsmodell an (vgl. Zaugg, 2007, S. 12).

Im Folgenden werden das Segmentationsmodell, das Spillovermodell und das Kompensationsmodell sowie die Border Theorie genauer vorgestellt.

Darüber hinaus wird in der Literatur noch das instrumentelle Modell erwähnt. Hierbei handelt es sich jedoch nicht um eine vollständige Theorie. Das instrumentelle Modell beschreibt, dass Aktivitäten in einem Bereich eingesetzt werden, um im jeweils anderen Bereich einen Erfolg zu generieren. Als Beispiel nennt Guest (2002), dass lange Arbeitszeiten und unbefriedigende Tätigkeiten in Kauf genommen werden, um im privaten Bereich ein Eigenheim finanzieren zu können. (vgl. Guest,2002, S. 258 f.)

Auf diesen Ansatz wird im Folgenden nicht weiter eingegangen, weil er sich nur auf den instrumentellen Aspekt beschränkt, ohne weitere mögliche Wirkungszusammenhänge zu reflektieren.

4.1.1 Segmentationsmodell

Das erste Mal taucht die Idee, dass Arbeit und Zuhause zwei unabhängige getrennte Bereiche sind, 1960 bei Blood & Wolfe (zitiert nach Lambert, 1990, S. 141) auf. Danach wurde das Segmentationsmodell vielfach in der Literatur beschrieben und in Teilen ergänzt.

Das Segmentationsmodell betrachtet das Erwerbsleben und Privatleben als voneinander segmentierte, unabhängige Bereiche, die sich wechselseitig nicht beeinflussen. Die Arbeitsbedingungen (ojective job conditions) haben ausschließlich einen positiven oder negativen Effekt auf die Einstellung zur Arbeit und das Verhalten am Arbeitsplatz sowie auf die Arbeitszufriedenheit. Es bestehen keinerlei Zusammenhänge mit dem Verhalten im Privatleben.

Ebenso verhält es sich mit den Einflüssen, die sich auf die familiären Bedingungen (houshold conditions) auswirken. Familienzufriedenheit, Teilnahme an der Hausarbeit und Verantwortung werden als völlig unabhängig von Aspekten des Berufslebens erlebt. (Lambert, 1990, S. 248 f.) Diese Theorie geht davon aus, dass zwischen den Bereichen Arbeit und Privatleben eine undurchlässige Grenze besteht. Diese Trennung wird von den Individuen bewusst aufrechterhalten (vgl. Lambert, 1990, S. 241).

Die folgende Abbildung 5 veranschaulicht dieses Modell.

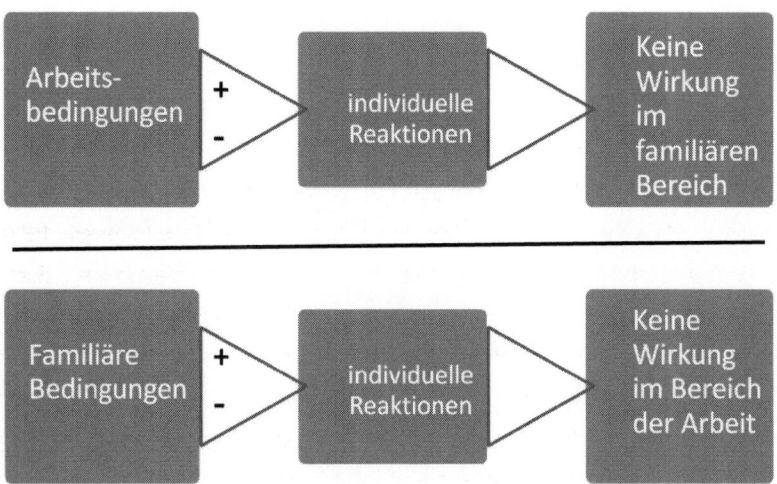

Abbildung 5 Segmentationsmodell (Eigene Darstellung in Anlehnung an Lambert 1990, S. 249)

Legende

+   positive Effekte

-      negative Effekte

4.1.2 Spillovermodell

Lambert (1990) zufolge ist das Spillovermodell das populärste, um die Beziehung zwischen dem Arbeits- und Privatleben zu erklären (Lambert, 1990, S. 243).

Auch das Spillovermodell nutzt die Bereiche Arbeit und Privatleben als Ausgangsbasis für die folgenden Annahmen:

- Zwischen den beiden Bereichen besteht eine durchlässige Grenze.
- Der Spillover entsteht, wenn eine Sphäre durch Auswirkungen aus der jeweils anderen beeinflusst wird.
- Der Spillover funktioniert sowohl direkt als auch indirekt.
- Er kann sowohl positive wie auch negative Auswirkungen haben.

Indirekter Spillover tritt auf, wenn die Arbeitsbedingungen oder die familiären Bedingungen sich durch individuelle Verhaltensweisen (individual subjective reactions) auf den jeweils anderen Bereich auswirken. (vgl. Lambert, 1990, S. 248) Individuelle Verhaltensweisen können beispielsweise durch Emotionen[20] und Einstellungen[21] beeinflusst werden. Ein Beispiel für den indirekten Spillover ist, dass Anerkennung der beruflichen Leistung zunächst als subjektive Reaktion zu gesteigertem Selbstwertgefühl führt. Dieses kann sich im Privaten beispielsweise positiv durch einen freundlicheren Umgang mit den Mitmenschen oder auch negativ durch verstärkt egozentrisches Verhalten auswirken.

Direkter Spillover dagegen entsteht, wenn Arbeitsbedingungen oder familiäre Bedingungen das Leben im jeweils anderen Bereich verbessern oder verschlechtern, ohne das individuell subjektive Erleben der Situation zu berücksichtigen. (vgl. Lambert, 1990, S. 248) Ein Beispiel für den direkten Spillover ist, dass eine Gehaltserhöhung zu mehr Kaufkraft im privaten Bereich führt. Abbildung 6 fasst diese Überlegungen grafisch zusammen.

---

[20]

[21]

indirekter Spillover

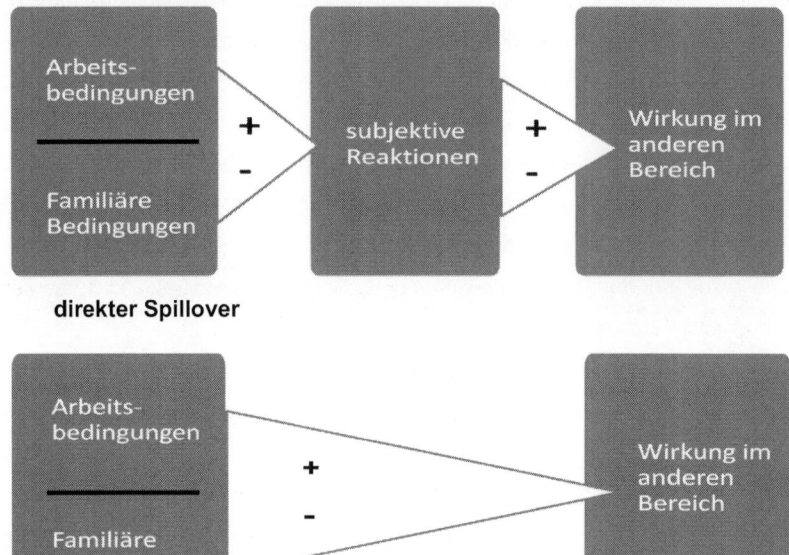

direkter Spillover

Abbildung 6 Spillovermodell (Eigene Darstellung in Anlehnung an Lambert 1990, S. 249)

Legende

+   positive Effekte

-    negative Effekte

4.1.3 Kompensationsmodell

Das Kompensationsmodell unterscheidet - wie das Segmentations- und Spillover Modell - zwischen den Bereichen Arbeits- und Privatleben. Den Ursprung dieses Modells sieht Lambert 1967 bei Dubin (vgl. Dubin, 1967, S. 68; zitiert nach Lambert 1990, S. 241).

Das Kompensationsmodell beschreibt eine inverse Beziehung zwischen den beiden Bereichen und wird zur Beschreibung negativer Erfahrungen gebraucht. Unzufriedenheit bei der Arbeit kann somit durch stärkere Involviertheit im Privatleben kompensiert werden (vgl. Lambert, 1990, S. 248 f.).

Die Kompensationstheorie wird vorwiegend dazu gebraucht, Reaktionen auf unbefriedigende Arbeitsplätze mit geringer Partizipation zu beschreiben. Zudem bietet sie auch eine plausible Erklärung dafür, wie es dazu kommt, dass Arbeitnehmer, die vor familiären Probleme stehen, sich plötzlich stärker am Arbeitsplatz engagieren (vgl. Lambert, 1990, S. 242).

Lambert (1990) erklärt, dass zusätzlich zum Kompensationsprozess auch der Prozess der Akkommodation denkbar ist. Dieser beschreibt eine umgekehrte Kausalfolge der Kompensation. Ein hoher Grad an Involviertheit in einem Bereich führt zu geringer Involviertheit in einem anderen.

Sowohl Kompensation wie auch Akkommodation resultieren aus einer Imbalance zwischen Arbeits- und Privatleben, jedoch sind sie auf gegenteilige Ursachen zurückzuführen (vgl. Lambert, 1990, S. 247 ff.).

Beide Prozesse werden in der nachfolgenden Abbildung 7 veranschaulicht.

1. Kompensation

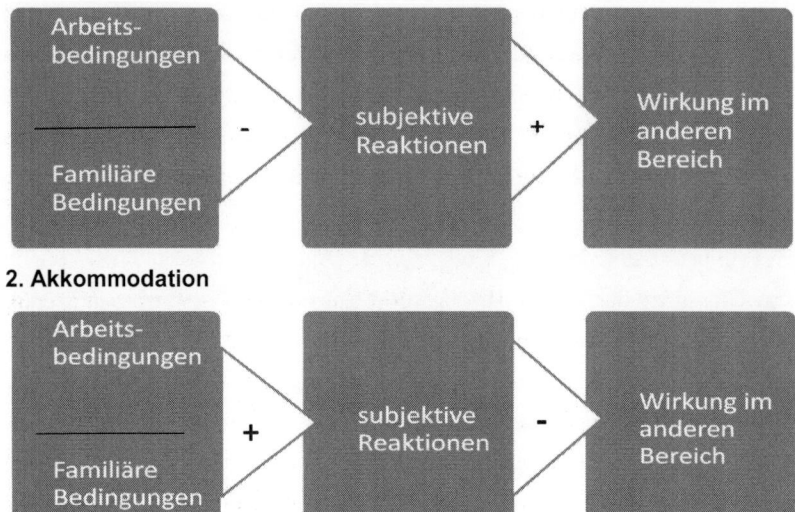

2. Akkommodation

Abbildung 7 Kompensation und Akkommodation (Eigene Darstellung in Anlehnung an Lambert 1990, S. 249)

Legende

+   positive Effekte

-      negative Effekte

4.1.4 Border Theory von Clark

Die Border Theorie beschreibt zum einen, warum es zu Konflikten zwischen den Lebensbereichen der Arbeit und der Familie kommt und zum andern bietet sie ein Rahmenkonzept, um Individuen und Unternehmen zu einer besseren Balance[22] von Arbeit und Familie zu ermutigen. Clark versucht

---

[22] Clark definiert "balance as satisfaction and good functioning at work and at home, with a minimum of role conflict." (vgl. Clark, 2000, S. 751)

damit, die komplexen Interaktionen der Grenzgänger zwischen ihrem Erwerbs- und Familienleben zu erklären. Nach dieser Theorie sind Grenzgänger Menschen, die täglich zwischen verschiedenen Bereichen von Arbeit und Familie pendeln. Die Kernidee ihrer Theorie fasst das folgende Zitat zusammen: "*People are border-crossers who make daily transitions between two worlds - the world of work and the world of family.*" (Clark, 2000, S. 748)

Die Grundlage der Border Theorie bildet die Feldtheorie von Lewin (1963). Das wichtigste Konstrukt dieser Theorie ist der Lebensraum. Alles, was das Verhalten beeinflusst, ist von diesem Lebensraum umgeben. In diesem Lebensraum organisiert und interpretiert das Individuum seine Erfahrungen. Der individuelle Lebensraum ist von Person zu Person verschieden. Es gibt verschiedene Regionen, die durch Grenzen verschiedener Durchlässigkeit unterteilt sind. Clark übernimmt von Lewin die Idee der separaten Lebensbereiche von Arbeit und Familie. (vgl. Clark, 2000, S. 715 f) Mit dem Lebensbereich Familie meint Clark alles, was innerhalb des Privatlebens stattfindet. Sie spricht teilweise auch von der Domäne „home" anstelle von „family" (vgl. Clark, 2000, S, 753).

Auch die Vorstellung, dass das Ausmaß der Interaktionen zwischen den Bereichen von der Grenzstärke zwischen beiden Bereichen abhängt, geht auf Lewin zurück (vgl. Clark, 2000, S. 715 f).

Abbildung 8 zeigt die grafische Darstellung dieser Theorie mit den zentralen Konstrukten. Diese sind **a) die Domänen Arbeit und Familie, b) die Grenzen zwischen diesen Domänen, c) die Grenzgänger** (border-crossers) und **d) die Grenzwächter** (border-keepers) sowie andere **wichtige Mitglieder** der jeweiligen Bereiche.

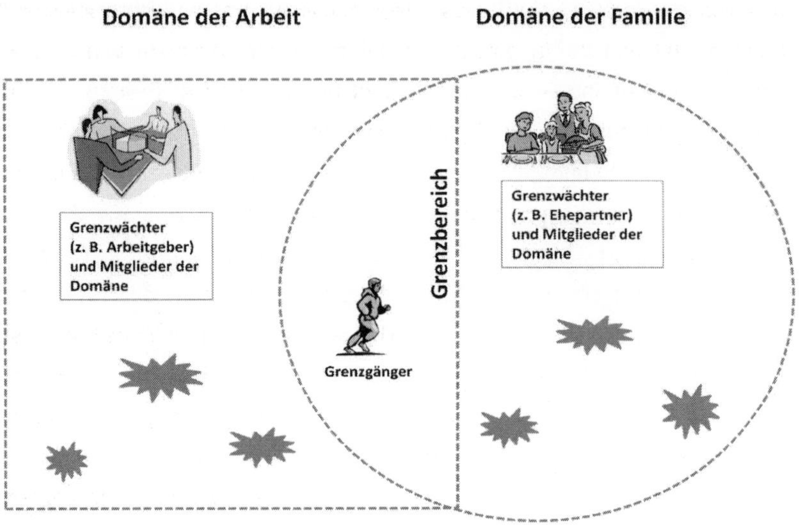

Domäne der Arbeit   **Domäne der Familie**

Grenzwächter
(z. B. Arbeitgeber)
und Mitglieder der
Domäne

Grenzbereich

Grenzwächter
(z. B. Ehepartner)
und Mitglieder der
Domäne

Grenzgänger

Abbildung 8 Work/Family border theory (eigene Darstellung in Anlehnung an Clark 2000, S. 754)

Legende:

Eindringlinge/Unterbrechungen (z. B. Anrufe aus der anderen Domäne)

---- Grenzen

a) Die Lebensbereiche Arbeit und Familie sind nach Clark (2000) zwei unterschiedliche Welten mit verschiedenen Regeln, Gedankenmustern und Verhaltensweisen. Die Unterschiede in den beiden Bereichen können in wertgeschätzte Ziele (valued ends) und wertgeschätzte Mittel (valued means) unterteilt werden. Die Ziele der Arbeit können z. B. die Generierung von Einkommen oder das Ausführen einer sinnvollen Tätigkeit sein. Im häuslichen Bereich sind die Ziele z. B. die Pflege enger Beziehungen und persönliche Zufriedenheit. Zum Erreichen dieser Ziele bedarf es einer Organisationskultur, die durch bestimmte Eigenschaften geprägt wird. Im beruflichen Bereich sind dies hauptsächlich „verantwortungsbewusst" (responsible) und „leistungsfähig" (capable). Im familiären Bereich sind es vor allem die Attribute „liebevoll" (loving) und „großzügig" (giving), die als Mittel zur Verfügung stehen, um die gewünschten Ziele zu erreichen. Obwohl die Kulturen, Mittel und Ziele der beiden Lebensbereiche sehr unterschiedlich sind, versuchen die Individuen häufig beide zu verflechten. Die Art, wie Individuen mit den Unterschieden der beiden Domänen umgehen, wird als zusammenhängendes Ganzes mit den Endpunkten Integration (integration) und Segmentation (segmentation) beschrieben. Clark (2000) betont, dass Integration der bessere Denkansatz zu sein scheint, um eine Balance zu erreichen. Dennoch kann auch die Segmentation beider Lebensbereiche Individuen zu glücklichen, produktiven Menschen machen. So können in beiden Bereichen zwar verschiedene, aber essenzielle Ziele erreicht werden. Möglich ist es demnach z. B. das Bedürfnis nach Erfolg bei der Arbeit und das Bedürfnis nach Liebe zu Hause zu befriedigen. (vgl. Clark 2000, S. 755 f.)

b) Die Grenzen (borders) trennen die beiden Lebensbereiche voneinander. Sie bestimmen, wo das bereichsspezifische Verhalten anfängt und aufhört. Unterschieden wird zwischen physikalischen Grenzen wie z. B. den Wänden des Arbeitsplatzes, zeitlichen Grenzen wie z. B. den Arbeitszeiten und psychologischen Grenzen wie z. B. Verhaltensregeln.
Die Durchlässigkeit der Grenzen gibt an, inwiefern Elemente des einen Bereichs in den anderen vordringen können. Ein Beispiel dafür ist die Situation eines Mitarbeiters, der ein Arbeitsbüro zu Hause beruflich nutzt. Wenn sich Mitglieder seiner Familie während seiner Arbeit in diesem Raum aufhalten und ihn ansprechen, durchdringen sich die Elemente der verschiedenen Bereiche Familie (Privatleben) und Beruf (berufliche Tätigkeit).

Im psychologischen Sinne kann es zur Durchlässigkeit der Grenzen kommen, wenn beispielsweise negative Emotionen der Arbeit auch auf das Verhalten zu Hause übertragen werden[23].

Eine weitere Eigenschaft der Grenzen ist ihre Flexibilität (flexibility). Darunter wird das Ausmaß verstanden, in dem sich die Grenze in Abhängigkeit des anderen Bereiches verengen oder ausweiten lässt. Darüber hinaus kann noch Vermischung (blending) der Bereiche Arbeit und Familie entstehen. Hier sind zwei unterschiedliche Wirkungsweisen denkbar. Negative psychische Belastungen entstehen, wenn die Bereiche sehr unterschiedlich sind. Identitätsverluste bis hin zur Schizophrenie sind denkbar. Bei sehr ähnlichen Lebensbereichen kann die Grenzvermischung zu Integration beider Bereiche und dem Gefühl von Ganzheit führen.

Durchlässigkeit, Flexibilität und Vermischung der Grenzen bestimmen gemeinsam die Grenzstärke (border strength). Starke Grenzen sind undurchlässig, unflexibel und erlauben keine Vermischung der Domänen.
Schwache Grenzen sind von hoher Durchlässigkeit und lassen Vermischungen zu. Je nachdem, wie ähnlich sich die jeweiligen Bereiche sind und in welcher Richtung die Grenze verläuft, fällt auch der Effekt der Grenzstärke unterschiedlich aus. (vgl. Clark, 2000, S. 756 ff.)

c) Personen, die regelmäßig die Grenzen zwischen der Arbeits- und Familiendomäne überqueren, werden Grenzgänger (border crossers) genannt. Die Grenzgänger teilen sich in Hauptteilnehmer (central participants) und periphere Teilnehmer (peripheral participants) auf. Den Hauptteilnehmern wird eine bessere Work-Life-Balance zugeschrieben, da sie in beiden Domänen Einfluss ausüben und sich stark mit den Domänen identifizieren. Periphere Grenzgänger identifizieren sich nicht mit den Werten

---

[23] Hierbei handelt es sich um das häufig dokumentierte Beispiel des "Spillover of negative emotions" (Evans & Bartolome, 1980 zitiert nach Clark, 2000, S. 765).

und Normen der Domänen, sie haben wenig Kontakt zu den anderen Bereichsmitgliedern und üben wenig Einfluss aus. (vgl. Clark, 2000, S. 759 ff.)

d) Sowohl Grenzwächter (Border-keepers) als auch andere Mitglieder der Domänen (other domain members) haben einen Einfluss auf Durchlässigkeit und Stärke der Grenzen. Im Bereich der Arbeit sind dies i. d. R. die Vorgesetzten und im Bereich der Familie die Ehepartner. Häufig kommt es zu Unstimmigkeiten zwischen den Individuen darüber, was die einzelnen Domänen ausmacht und wie durchlässig und flexibel die Grenzen zwischen ihnen sein sollten. Die Grenzhüter verteidigen die Grenzen so stark, dass die Grenzgänger den unterschiedlichen Anforderungen nicht gerecht werden. Teilweise resultiert das Verhalten der Grenzhüter aus ihrer begrenzten Erfahrung mit dem anderen Bereich. Regelmäßige Gespräche können dazu beitragen, bei den Grenzwächtern Verständnis für den anderen Bereich zu entwickeln. (vgl. Clark, 2000, S. 761 f.)

Verbundenheit der Grenzgänger
Ein weiteres Attribut für die Mitglieder einer Domäne ist ihr Commitment gegenüber den Grenzgängern. Commitment ist nach Clark (2000, S. 763) gegeben, wenn die Mitglieder einer Domäne die Grenzgänger bei den Verpflichtungen in der jeweils anderen Domäne unterstützen[24]. Grenzgänger, deren Grenzhüter viele Kenntnisse über die andere Domäne haben und die ein hohes Commitment erfahren, weisen eine bessere Work-Life-Balance auf als diejenigen Grenzgänger, die nur geringe Unterstützung erfahren und über wenige Kenntnisse über die andere Domäne verfügen. (vgl. Clark, 2000, S. 763 f.)

---

[24] Die Bedeutung der sozialen Unterstützung für die Grenzgänger wurde in einer Vielzahl von Studien untersucht und belegt (vgl. z. B. Galinsky & Stein, 1990; Repetti, 1987; Greenhaus, et al., 1987; Kossek et al. 1994; zitiert nach Clark, 2000, S. 763)

Die Gesetzmäßigkeiten der Border Theorie fasst Clark (2000, S. 747 ff.) in folgenden Thesen zusammen:

1a: Wenn sich die Domänen ähneln, begünstigen schwache Grenzen die work-family-balance.

1b: Wenn sich die Domänen unterscheiden, begünstigen starke Grenzen die work-family-balance.

2:    Wenn die Grenze von einem Bereich aus stark und undurchlässig, doch vom anderen Bereich her schwach ist, werden die Individuen:

a)   eine größere Balance erfahren, wenn sie sich stärker mit dem Bereich der starken Grenzseite identifizieren.

b)   eine Verschlechterung ihrer Balance erfahren, wenn sie sich stärker mit dem Bereich der schwachen Grenzseite identifizieren.

3:    Grenzgänger, die Hauptteilnehmer einer Domäne sind, haben eine größere Kontrolle über die jeweilige Domäne als die peripheren Teilnehmer.

4:    Grenzgänger, die sich stark mit beiden Domänen identifizieren und in beiden Einfluss ausüben, werden i. d. R. eine bessere Work-Life-Balance erreichen als die peripheren Teilnehmer.

5:    Größeres Verständnis der Domänenmitglieder für die jeweils andere Domäne führt auch zu einer größeren Work-Life-Balance, als dies bei Grenzgängern der Fall ist, deren Domänenmitglieder weniger Verständnis aufweisen.

6:    Grenzgänger, deren Domänenmitglieder ihnen gegenüber eine größere Bindung aufweisen, werden i. d. R. eine bessere Work-Life-

Balance haben als die Grenzgänger, die von den Bereichsmitgliedern nur wenig Verbundenheit erfahren.

7. Wenn die Domänen Arbeit und Familie sehr unterschiedlich sind, werden die Grenzgänger weniger über die jeweils andere Domäne erzählen, als wenn die beiden Domänen viele Gemeinsamkeiten aufweisen.

8. Regelmäßige Kommunikation zwischen den Grenzgängern und Grenzwächtern über die Aktivitäten der jeweils anderen Domäne wirken Störungen, die zur Imbalance führen können, entgegen.

4.2 Kritik an den Theorien

Die Unterteilung in die beiden Domänen Arbeit und Privatleben ist eine extreme Vereinfachung der Wirklichkeit. Menschen bewegen sich ständig in vielen verschieden Lebensbereichen, in denen sie diverse Rollen einnehmen. So könnte man z. B. Unterteilungen in die Lebensbereiche Freundeskreis, Kinder, Vereinsleben usw. vornehmen. Es ist eine Vielzahl von Einteilungen denkbar. Auch innerhalb des Bereichs der Arbeit sind Unterteilungen möglich, z. B. in Kundenkontakt, Gespräche mit dem Vorgesetzten, Arbeit im Team.

Das Segmentationsmodell geht von einem Individuum aus, welches die intrapsychische Verarbeitung des in einem Bereich Erlebten mit einer undurchlässigen Grenze vom jeweils anderem Bereich trennt. Dahinter steht das Bild eines Menschen, der sich funktional auf die Anforderungen in jeweils einem Lebensbereich reduzieren lässt. Die im Zusammenhang mit dem Work-Life-Balance Konzept geforderte ganzheitliche Betrachtung des Individuums wird von diesem Modell nicht berücksichtigt.

Im Gegensatz dazu gehen das Spillovermodell und das Kompensationsmodell von einem ganzheitlichen Menschenbild aus. Erlebtes in einem der beiden Bereiche hat diesen Modellen zufolge auch immer einen Einfluss auf das Erleben und Verhalten im anderen Bereich. Das Kompensationsmodell verengt den Blick sehr stark darauf, dass Defizite des einen Bereiches durch kompensatorisches Verhalten im anderen Bereich ausgeglichen werden.

Demgegenüber hat das Spillovermodell einen weiteren Blick auf die Wechselwirkung der verschiedenen Lebensbereiche. Damit kommt es dem ganzheitlichen Anspruch des Work-Life-Balance Ansatzes näher. Dieser wird in Kapitel 2 ausführlich erläutert.

Die Überlegungen von Clark (2000) werden auch durch die Beobachtungen von Hochschild (2006) gestützt. Hochschild (2006, S. XXXII) bezeichnet die Bereiche Beruf und Familie als „zwei miteinander verflochtene und dennoch konkurrierende emotionale Kulturen".

Jürgens (2006) stellt heraus, dass es bei der Border Theorie nicht um das subjektive Verhältnis der beiden Bereiche oder um die Zufriedenheit mit den Bereichen geht. Für Clark stehe der Prozess des Balancierens im Vordergrund. Balance konzentriert sich bei Clark vorrangig auf den Rollenkonflikt der Individuen, die sich zwischen beiden Bereichen bewegen. Auf die Dimension gesellschaftlicher Strukturzusammenhänge der Balance, die die Individuen vor Anforderungshindernisse stellen, geht Clark nicht ein. Das Scheitern der Balance wird als individuelles Defizit, nicht als gesellschaftliches Problem betrachtet. (vgl. Jürgens, 2006, S. 170)

Nach Zaugg (2007) ist die Border Theorie von Clark dennoch besser zur Erklärung der Work-Life-Balance Problematik geeignet, da sie davon ausgeht, dass das Individuum eigenverantwortliche Entscheidungen trifft und sein Leben selbst bestimmt (vgl. Zaugg, 2007, S. 13). In den klassischen

Theorien wird angenommen, dass das Individuum vollständig durch seine Lebensumstände geprägt und geleitet wird.

Allen Theorien gemeinsam ist ihr fehlender Blick auf gesamtgesellschaftliche Zusammenhänge der Arbeitswelt.

Keins der behandelten Modelle kann alle möglichen Aspekte der Work-Life-Balance Thematik erfassen. Je nach Untersuchungszusammenhang sind aber die vorgestellten Modelle gut geeignet, um die Wirkungszusammenhänge der Bereiche Arbeit und Privat zu beschreiben.

5. Mitarbeiterbindung und Arbeitszufriedenheit

5.1 Arbeitszufriedenheit

5.1.1 Definition der Arbeitszufriedenheit

Die Erhöhung der Arbeitszufriedenheit von Mitarbeitern ist neben der Bindung und Motivation einer der am häufigsten genannten Gründe für die Umsetzung familienfreundlicher Maßnahmen (vgl. z. B. Schneider et al. 2008; Backes-Gellner et al., 2003; BMFSFJ 2010; Flüter-Hoffmann & Solbig 2003).

Arbeitszufriedenheit ist ein zentrales Konzept der Organisationspsychologie. Der Begriff erfasst die Einstellung von Mitarbeitern zu ihrer Arbeit. Eine allgemeine Definition von Arbeitszufriedenheit ist, dass sich Arbeitszufriedenheit aus individuellen Einstellungen zu verschiedenen Facetten [25] der Arbeit zusammensetzt (vgl. z. B. Nerdinger, Blickle & Schaper, 2008, S. 427 ff.; Rosenstiel, Molt & Rüttinger, 2005, S. 289; Fischer, 2006, S. 39; Weinert, 2004, S. 178; Kraus & Woscheé, 2009, S. 195).

Neuberger & Allerbeck (1978) definieren Arbeitszufriedenheit *„als kognitiv-evaluative[r] Einstellung zur Arbeitssituation"* (Neuberger & Allerbeck, 1978, S. 15).

---

[25] Diese Facetten werden im Kapitel: Determinanten der Arbeitszufriedenheit genauer erläutert.

Nach Bruggemann, Groskurth und Ulich (1975) ist Arbeitszufriedenheit *„Zufriedenheit mit einem gegebenen (betrieblichen) Arbeitsverhältnis"* (Bruggemann et al., 1975, S. 19).

Für gewöhnlich bezeichnet Arbeitszufriedenheit eine *„zeitlich überdauernde relativ stabile Wertung betrieblicher Gegebenheiten"* (Rosenstiel, Molt & Rüttinger, 2005, S. 289).

Gutknecht beschreibt das Konstrukt der Arbeitszufriedenheit als *„strukturierte und möglicherweise handlungsrelevante Einstellung zur Arbeit"* (Gutknecht, 2007, S. 32). In der Regel handelt es sich um eine allgemeine Einstellung, die sich aus der Bewertung verschiedener Faktoren der Arbeitsumwelt zusammensetzt. Dies kann beispielsweise die Wahrnehmung von Vorgesetzten, Kollegen und Arbeitsplatzsicherheit sein. (vgl. Gutknecht, 2007, S. 32)

Die Arbeitszufriedenheit ist von der Berufszufriedenheit und der Zufriedenheit mit der Arbeitstätigkeit abzugrenzen (vgl. Bruggemann et al., 1975, S. 13). Ebenso muss auch eine Differenzierung gegenüber *„verwandten, psychologischen und soziologischen Begriffen wie Arbeitsfreude, Arbeitsmoral [und] Betriebsklima"* (Neuberger & Allerberbeck, 1975, S. 32) erfolgen.

Man kann grundsätzlich zwei unterschiedliche Zielsetzungen der Arbeitszufriedenheit unterscheiden. Bei der Ersten liegt der Fokus auf einer humanistischen[26] Zielsetzung und auf der Untersuchung der psychischen Gesundheit mit dem Ziel der Prävention psychischer und gesundheitlicher Schäden. Das Individuum soll sich an seinem Arbeitsplatz wohlfühlen und Möglichkeiten zur Selbstverwirklichung haben.

Bei der zweiten Zielsetzung wird das Konzept der Arbeitszufriedenheit instrumentell eingesetzt, um im ökonomischen Sinne Leistung und Effizienz zu forcieren. Mit diesem Ziel einher geht die Erwartung, dass zufriedene Mitarbeiter eine höhere Effizienz aufweisen. Bindung und Rekrutierung

---

[26] Siehe Glossar im Anhang.

qualifizierten Personals sind ebenfalls Intention des sogenannten Effizienzziels. (Fischer & Fischer, 2007, S. 20 ff.)

In der Regel wird durch eine Erhöhung der Arbeitszufriedenheit eine Steigerung der Mitarbeitermotivation und in der Folge auch eine gesteigerte Leistung erwartet. Es besteht ein wechselseitiges Verhältnis von Motivation und Arbeitszufriedenheit. (Nerdinger et al., 2008, S. 427; Felfe, 2008, S. 157).

Die Annahme, dass Arbeitszufriedenheit als Bedingung für Leistung angesehen werden kann, wird durch die Metaanalyse von Judge, Bono, Thorensen und Patton (2001) unterstützt. Sie untersuchten 312 Studien mit einer Gesamtstichprobengröße von N = 54.417 Personen und kamen zu dem Ergebnis, dass es einen moderaten, aber statistisch relevanten Zusammenhang von p=.30 zwischen Arbeitszufriedenheit und Leistung gibt. Aufschluss über die Richtung des Wirkungszusammenhangs gibt die Analyse nicht. (vgl. Judge et al., 2001, S. 376 ff.)

Bislang ist empirisch nicht eindeutig geklärt, inwiefern dieses Konzept tatsächlich in der Lage ist, psychische Gesundheit und Leistung von Mitarbeitern vorherzusagen. Fischer und Fischer (2007) sehen im Konzept der Arbeitszufriedenheit eine substanzielle Indikatorfunktion für das Arbeitsklima und die Organisationskultur (Fischer & Fischer, 2007, S. 20 ff).

Diese Indikatorfunktion ist im Kontext der Untersuchung dieser Arbeit besonders von Bedeutung, weil die Organisationskultur einen entscheidenden Anteil zum Erfolg von Work-Life-Balance beiträgt.

5.1.2 Messung der Arbeitszufriedenheit

Prinzipiell ist Arbeitszufriedenheit eine Einstellung und kann auf zwei Arten gemessen werden. Eine Möglichkeit der Erfassung ist das globale Abfragen der allgemeinen Zufriedenheit mit dem Arbeitsplatz über ein einzelnes Item.

In diesem Fall wird für gewöhnlich eine Frage formuliert, deren der Beantwortung durch die Einordnung der individuellen Zufriedenheit auf einer mehrstufigen Skala erfolgt.

Eine weitere Alternative, Arbeitszufriedenheit zu messen, besteht darin, die Befragten verschiedene Aspekte ihrer Arbeit anhand einer mehrstufigen Skala beurteilen zu lassen, wie zufrieden oder unzufrieden sie mit diesen sind. Für diese Art der Erfassung wird für gewöhnlich ein Arbeitsbeschreibungsbogen[27] (ABB) wie beispielsweise der von Neuberger und Allerbeck (1978) eingesetzt. (vgl. Nerdinger et al., 2008, S. 427 f.; Fischer, 2006, S. 40)

5.1.3 Determinanten der Arbeitszufriedenheit

Welche Faktoren der Arbeitssituation bei der Bestimmung der Arbeitszufriedenheit berücksichtigt werden müssen, wird in der Literatur zur Arbeitszufriedenheit unterschiedlich diskutiert. Eine endgültige feste Bestimmung der Faktoren scheint auf Grund sich wandelnder Arbeitsbedingungen und verändernder Ansprüche an die Arbeitssituation und den Arbeitsplatz nicht möglich. Rosenstiel et al. (2005, S. 291) haben die am häufigsten erwähnten Facetten der Arbeitssituation, die die Arbeitszufriedenheit bestimmen, zusammengetragen:

- Arbeitsinhalte
- Arbeitsbedingungen
- Führung
- Kollegen
- Entlohnung
- Sozialleistungen
- Fort- und Weiterbildungsmöglichkeiten
- Beförderung

---

[27] Siehe Glossar im Anhang.

- Anerkennung und Status
- Sicherheit
- Leistungserfolg
- Verantwortung
- Entfaltungsmöglichkeiten
- Arbeitszeitregelungen
- Urlaubsregelungen
- Interessenvertretung
- Bild des Betriebs insgesamt (Image)

An der Vielzahl der Bestimmungsfaktoren wird die Vielfältigkeit der Aspekte, die sich bei der Messung von Arbeitszufriedenheit einbeziehen lassen, deutlich. (vgl. Rosenstiel et al., 2005, S. 291)

5.2 Theoretische Einordnung der Arbeitszufriedenheit

Aufgrund der großen Bedeutung der Arbeitszufriedenheit im Kontext der Organisationspsychologie existiert zu diesem Konzept eine Vielzahl verschiedener Theorien. Die drei in der Literatur als die wichtigsten benannten (vgl. z. B. Nerdinger et al., 2008, S. 429; Gutknecht, 2007, S. 32 ff.) werden im Folgenden vorgestellt.

5.2.1 Zwei-Faktoren-Theorie nach Herzberg, Mausner & Snyderman

Herzberg, Mausner & Snyderman (1959) zufolge gibt es zwei voneinander unabhängige Faktoren, die für die Entstehung von Arbeitszufriedenheit verantwortlich sind. Zum einen sind dies Hygienefaktoren (factors of hygiene). Sie sind eng mit dem Arbeitsumfeld verbunden und betreffen nicht die Arbeit an sich. Die Erfüllung der Hygienefaktoren trägt zur Vermeidung von Unzufriedenheit in Bezug auf die Arbeit bei, aber es kann dadurch keine Zufriedenheit entstehen. Durch ihre Befriedigung wird ein neutraler

Erlebniszustand erzeugt. Hygienefaktoren werden aufgrund ihres präventiven Charakters so bezeichnet. (vgl. Herzberg et al. 1959, S. 113 f.)

Zum anderen sind es Faktoren der Arbeit an sich, die als Motivatoren (motivators) wirken und in der Arbeitstätigkeit selbst begründet liegen. Erst durch die Erfüllung der Motivatoren kann Zufriedenheit herbeigeführt werden. (vgl. Herzberg et al.,1959, S. 114 f.)

Abbildung 9 zeigt eine Übersicht der Hygienefaktoren und Motivatoren.

Hygienefaktoren	Motivatoren
• Gehalt • Statuszuweisungen • Beziehungen zu Untergebenen, Kollegen und Vorgesetzten • Führung durch den Vorgesetzten • Unternehmenspolitik- und Verwaltung • Konkrete Arbeitsbedingungen • Persönliche, mit dem Beruf verbundene Bedingungen • Sicherheit des Arbeitsplatzes	• Leistungserlebnisse • Anerkennung • Arbeitsinhalt • Übertragene Verantwortung • Beruflicher Aufstieg • Gefühl , sich in der Arbeit entfalten zu können

Abbildung 9 Hygienefaktoren und Motivatoren (vgl. Herzberg et al., 1959; zitiert nach: Nerdinger et al., 2008, S. 429)

Dieses Modell wurde vielfach untersucht und unter Anwendung desselben Kategorienschemas wie Herzberg et al. (1959, S. 141 ff.) empirisch bestätigt. (vgl. Nerdinger et al., 2008, S. 430)

Kritisch zu betrachten ist, dass einige Faktoren je nach Kontext und individueller Bewertung sowohl als Motivatoren wie auch als Hygienefaktoren fungieren können. Zudem neigen Menschen dazu, im Nachhinein bei der

Situationsbewertung negative Erfahrungen extrinsischen Faktoren und positive Erlebnisse intrinsischen Faktoren zuzuschreiben. Solche Erklärungen dienen in der Regel der Stützung des Selbstbildes. (vgl. Nerdinger et al., 2008, S. 430) Dadurch wird aber eine eindeutige Zuordnung der Faktoren zu den genannten Kategorien erschwert.

5.2.2 Job Characteristics Modell nach Hackman und Oldham (1980)

Das Job Characteristics Modell erklärt, wie Tätigkeiten beschaffen sein müssen, um Zufriedenheit zu erzeugen.

Ausgangspunkt für die Annahmen des Job Characteristics Models (Hackman & Oldham, 1980) ist die intrinsische[28] Arbeitsmotivation. Damit eine Tätigkeit intrinsisch motivierend wirkt und so Zufriedenheit erzeugt, müssen nach diesem Modell folgende drei Voraussetzungen erfüllt sein:

1. Die Tätigkeit muss als bedeutsam erlebt werden.
2. Der Arbeitende muss sich für die Tätigkeit verantwortlich fühlen.
3. Resultate und Qualität der eigenen Arbeit müssen bekannt sein.

Um diese psychologischen Erlebniszustände herbeizuführen, müssen folgende fünf Merkmale der Aufgabe vorliegen:

- **Anforderungsvielfalt:** Die Aufgabe sollte möglichst viele verschiedene Fähigkeiten erfordern, um den Mitarbeiter nicht einseitig zu beanspruchen.

- **Ganzheitlichkeit:** Die Tätigkeit sollte sich nicht nur auf eine isolierte Teilaufgabe beziehen. Die Mitarbeiter sollen Sinn und Stellenwert ihrer Tätigkeit kennen.

---

[28] Siehe Glossar im Anhang.

- **Bedeutsamkeit:** Die Auswirkungen der Aufgabe für die Arbeit anderer Mitarbeiter und Kunden sollten bekannt sein. So kann der Mitarbeiter die Bedeutung seiner Tätigkeit verstehen.

-

- **Autonomie:** Teilziele sollten eigenverantwortlich festgelegt werden können. Selbstwert und Verantwortung sollen so gestärkt werden.

- **Rückmeldung:** Durch Rückmeldungen soll die selbstständige Kontrolle der Arbeit gefördert werden.

    (vgl. Hackman & Oldham, 1980; zitiert nach: Nerdinger et al., 2008, S. 431)

5.2.3 Prozessmodell der Arbeitszufriedenheit nach Bruggemann

Auf Grundlage der humanistischen Konzepte [29] von Mc Gregor, 1960; Herzberg, 1966; Vroom, 1964 und anderen haben Bruggemann et al. (1975) ein Prozessmodell entwickelt, das eine Unterscheidung in sechs verschiedene Formen der Arbeitszufriedenheit vornimmt.

Folgende Abwägungs- und Erlebnisverarbeitungsprozesse werden nach Bruggemann et al. (1975, S. 132) als entscheidend für die Entstehung der unterschiedlichen Arbeitszufriedenheitsausprägungen angenommen:

1. *Befriedigung bzw. Nicht-Befriedigung der Bedürfnisse und Erwartungen zu einem gegebenen Zeitpunkt;*
2. *Erhöhung, Aufrechterhaltung oder Senkung des Anspruchsniveaus* [30] *als Folge von Befriedigung oder Nicht-Befriedigung;*

---

[29] Siehe Glossar im Anhang.
[30] Siehe Glossar im Anhang.

3. *Problemlösung, Problemfixierung, Problemverdrängung im Falle der Nicht-Befriedigung.*

Die Veränderung des Anspruchsniveaus stellt das zentrale Element im Modell von Bruggemann et al. (1975) dar. Je nachdem, ob es beibehalten, erhöht oder gesenkt wird, kommt es zu unterschiedlichen Ausprägungen der Arbeitszufriedenheit oder Arbeitsunzufriedenheit. Dies wird in Abbildung 10 grafisch dargestellt.

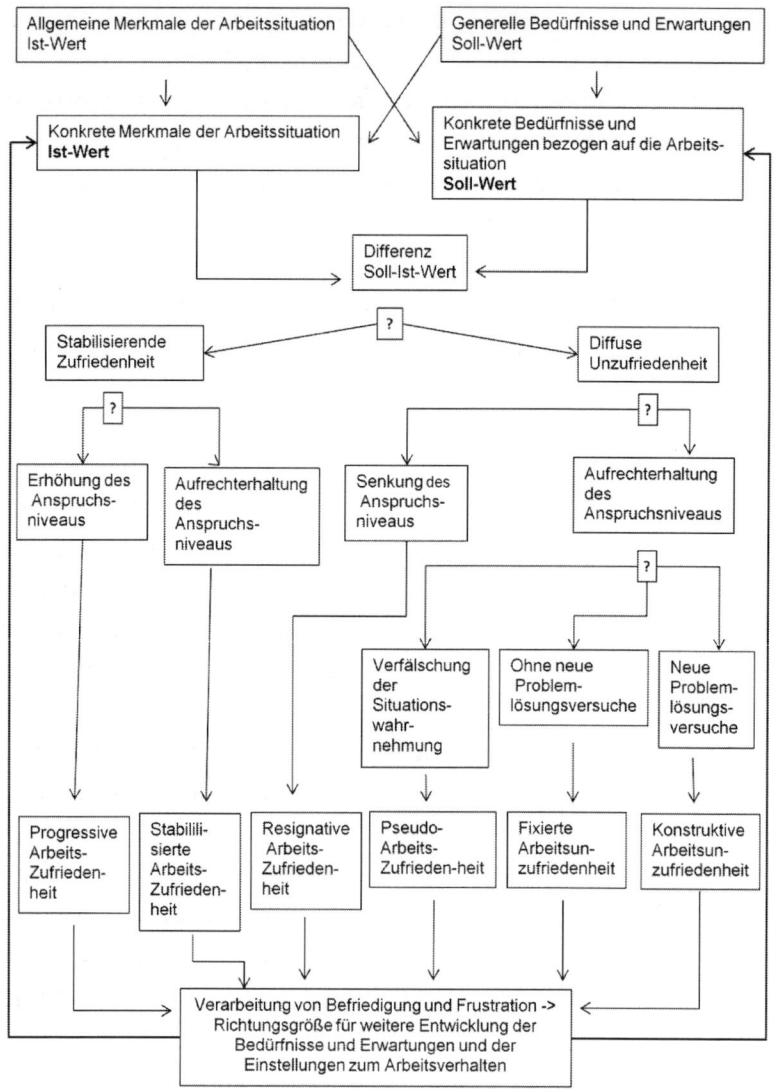

Abbildung 10 Formen der Arbeitszufriedenheit (vgl. Bruggemann et al., 1975, S. 134 f.)

Ausgangspunkt des Modells ist ein individueller intrapsychischer Abgleich der Erwartungen von Bedürfnisbefriedigungsmöglichkeiten durch die Arbeitssituation (Soll-Wert) mit den tatsächlichen Befriedigungsmöglichkeiten (Ist-Wert), die sich aus der Arbeitssituation ergeben. Der Vergleich von Soll- und Ist-Wert führt zu einer Bewertung der Situation mit „zufrieden" bzw. „unzufrieden". Wenn die Befriedigung der Bedürfnisse möglich ist und das Anspruchsniveau aufrechterhalten wird, tritt eine Stabilisierung (*Stabilisierende Zufriedenheit*) ein. In diesem Fall konzentriert sich die Erweiterung der Bedürfnisse nicht mehr auf die Arbeit, sondern auf andere Lebensbereiche. Bei weiterer Erhöhung des Anspruchsniveaus entsteht *progressive Arbeitszufriedenheit*. Diese beinhaltet aufgrund der erhöhten Ansprüche ein Zufriedenheitsdefizit.

Wenn nach dem Soll-Ist-Vergleich eine Nicht-Befriedigung der Bedürfnisse festgestellt wird, tritt diffuse Arbeitsunzufriedenheit ein. Durch eine mehr oder weniger bewusste Senkung des Anspruchsniveaus kann es zur *resignativen Arbeitszufriedenheit* kommen. Diese als positiv erlebte Arbeitszufriedenheit ist nicht mehr das Ergebnis des ursprünglichen Soll-Ist-Vergleichs und wird daher im Modell als resignativ bewertet.

Wird das Anspruchsniveau weiterhin aufrechterhalten, entsteht eine längerfristige Arbeitsunzufriedenheit. Diese kann sich wie folgt auswirken:

Erstens können neue Problemlösungsversuche unternommen werden, wodurch *konstruktive Arbeitsunzufriedenheit* eintritt. Diese zeichnet sich dadurch aus, dass die Situation als unbefriedigend wahrgenommen wird, aber das Individuum über einen ausreichenden Handlungsspielraum verfügt, um eine Veränderungsmotivation zu entwickeln.

Zweitens kann aus der diffusen Unzufriedenheit heraus eine *fixierte Arbeitsunzufriedenheit* entstehen, wenn keine Lösungsversuche unternommen werden. Dies resultiert daraus, dass der zur Verbesserung der individuellen Situation nötige Aufwand als jenseits der eigenen Möglichkeiten empfunden wird. Der so entsehende Druck wird nicht motivierend, sondern frustrierend empfunden und das Problem verschärft sich unter Umständen noch weiter.

Drittens ist die Bildung von *Pseudo-Arbeitszufriedenheit* möglich. Dabei bleibt das Anspruchsniveau unverändert. Es kommt zu einer intrapsychischen Verfälschung der Wahrnehmung der unbefriedigenden Situation, sodass diese als erträglich bewertet wird. (vgl. Bruggemann et al., 1975, S. 132 ff.)

Die theoretischen Differenzierungen der Arbeitszufriedenheit sind von erheblicher Bedeutung für die Interpretierung widersprüchlich scheinender empirischer Befunde. Beispielsweise lässt sich anhand des Modells erklären, warum Personen, die an Informations- und Qualifikationsprogrammen in einem Unternehmen teilnahmen, nach einem Jahr insgesamt unzufriedener mit ihrer Arbeit waren als ihre Kollegen, die nicht an dem Programm teilnahmen. In diesem Fall kann vermutet werden, dass die zufriedenen Mitarbeiter resignativ zufrieden waren. Die unzufriedenen Kollegen hingegen hatten aufgrund des Programms ihr Anspruchsniveau erhöht und waren somit konstruktiv unzufrieden mit ihrer Arbeit. (vgl. Bednarek, 1985, zitiert nach Rosenstiel et al., 2005, S. 296)

Auf Grundlage dieses Modells hat Bruggemann (1976) einen Fragebogen entwickelt, um die verschiedenen Formen der Arbeitszufriedenheit zu messen. Er hat sich allerdings in der Praxis nicht durchgesetzt. Als Gründe dafür werden genannt, dass die Zahl der erfassten Items zu klein sei und komplizierte Formulierungen die Befragten überfordern. (vgl. Rosenstiel et al., 2005, S. 298)

Es hat sich gezeigt, dass die Arbeitszufriedenheit allein nicht erklärt, warum sich einige Mitarbeiter stärker für die Unternehmensinteressen engagieren als andere und warum auch zufriedene Mitarbeiter zuweilen ein Unternehmen verlassen, wohingegen weniger zufriedene Mitarbeiter im Unternehmen verweilen. Diese Widersprüche lassen sich teilweise durch

Unterschiede in der Verbundenheit gegenüber der Organisation erklären. (vgl. Felfe, 2008, S. 13) In Kapitel 5.5 wird der Zusammenhang von Arbeitszufriedenheit und Commitment genauer betrachtet.

5.3 Organisationales Commitment

5.3.1 Definition von Commitment

Für das Konstrukt des Commitments gibt es - wie für die Arbeitszufriedenheit auch - keine allgemeingültigen Definitionen (vgl. Gutknecht, 2007, S. 30).

Die Bindung von Mitarbeitern an ein Unternehmen oder eine Organisation bezeichnet „die Verbundenheit, Zugehörigkeit und Identifikation, die Mitarbeiter gegenüber ihrem Unternehmen empfinden und erleben" (Felfe, 2008, S. 25).

In der wissenschaftlichen Literatur wird der Begriff Mitarbeiterbindung synonym zu dem Begriff Commitment verwendet (vgl. Felfe, 2008, S. 25). Zuweilen wird Commitment auch als Verpflichtung und Engagement gegenüber der Organisation beschrieben (vgl. Weinert, 2004, S. 179).

Mowday, Porter & Steers (1982) definieren *organizational commitment (...) as the relative strength of an individual`s identification with and involvement in a particular organization.*" (Mowday, Porter & Steers, 1982, S. 27)

Nach Weinert, (2004, S. 178 f.) äußert sich Commitment in drei Elementen:

(1) Akzeptanz und Internalisierung der Werte und Ziele einer Organisation;

(2) Motivation, die Organisationsziele zu erreichen;

(3) feste Absicht, in der Organisation zu verbleiben.

Die Bindung von Mitarbeitern an eine Organisation stellt einen wesentlichen Erfolgsfaktor dar, weil Mitarbeiter, die sich mit ihrem Arbeitgeber verbunden fühlen, sich mit großer Wahrscheinlichkeit stärker für die Ziele der Organisation einsetzen, eher bereit sind, Veränderungen zu akzeptieren, dem Unternehmen trotz sich bietender Beschäftigungsalternativen treu bleiben und es Dritten gegenüber loyal vertreten. (vgl. Felfe, 2008, S. 12 ff.; Becker,2007, S. 83)

Daher ist die Bindung von Mitarbeitern mit Kundenkontakt von besonderer Bedeutung für Unternehmen. Aber auch aus individueller Sicht gehen mit hohem organisationalen Commitment einige Vorteile einher. Der Wunsch nach Zugehörigkeit kann so befriedigt werden, und die Chancen auf soziale Kontakte, Unterstützung und Anerkennung werden erhöht. Personen mit einem stabilen sozialem Netz haben in der Regel auch bessere Chancen bei der erfolgreichen Bewältigung schwieriger Probleme. Darüber hinaus werden durch eine positive Bindung an ein Unternehmen der Selbstwert erhöht und das Selbstbild gefestigt. Das Commitment hat daher eine wichtige Ressourcenfunktion. (vgl. Felfe, 2008, S. 12 ff.) Aus den angeführten Gründen ist das Konzept des Commitment besonders geeignet, um Work-Life-Balance zu unterstützen.

Neben den angeführten Chancen des Commitments gibt es auch einige negative Auswirkungen, die durch ein Übermaß an Bindung auftreten können. So kann es z. B. zum blinden Gehorsam gegenüber der Organisation kommen. In diesem Fall werden unethische Handlungen (wie z. B. Diskriminierungen oder Betrug) geduldet oder Mitarbeiter selbst verleitet, solche Handlungen zu begehen. Zudem kann es dazu kommen, dass der Burn-out, Stress und Überlastung von Mitarbeitern durch übermäßiges Commitment gefördert werden, wenn diese sich für das Unternehmen vollkommen aufopfern. Außerdem besteht die Gefahr, der Überschätzung der Fähigkeiten des eigenen Unternehmens oder des eigenen Bereiches. Bei zu hoher Verbundenheit können Chancen und Risiken des Marktumfeldes unter Umständen nicht mehr objektiv eingeschätzt werden. (vgl. Felfe, 2008, S. 12 ff)

Trotz dieser möglichen Risiken sind Unternehmen besonders in wirtschaftlich schwierigen Zeiten auf die Loyalität und Verbundenheit ihrer Mitarbeiter angewiesen. Primär für kleine und mittlere Unternehmen stellt die Bindung ihrer Mitarbeiter einen wesentlichen Erfolgsfaktor dar. (vgl. Felfe, 2008, S. 22) Kapitel 7 wird mögliche Probleme, die im Zusammenhang mit einer zu starken organisationalen Bindung auftreten können, noch einmal aufgreifen.

5.3.2 Messung von Commitment

Commitment wird in der Regel so wie Arbeitszufriedenheit auch anhand eines standardisierten Fragebogens mit vorgegebenen Antwort-möglichkeiten gemessen. Der gebräuchlichste ist der Organizational Commitment Questionnaire (OCQ) von Mowday, Porter und Steers (1979) (vgl. Kraus & Wescheé, 2009, S. 191; Becker, 2007, S. 85). Der OCQ greift die oben genannten Ausprägungsformen des Commitments auf. Er besteht aus 15 Items, die Antwortmöglichkeiten sind auf einer 7er Likert[31] Skala von starker Zustimmung (strongly agree) bis überhaupt keine Zustimmung (strongly disagree) angeordnet (vgl. Mowday et al., 1979, S. 227 f.).

5.4 Theoretische Einordnung des Commitment nach dem Drei-Komponenten-Modell von Meyer und Allen

Im Folgenden wird die Mitarbeiterbindung genauer dargestellt.

Die Literatur liefert im Vergleich mit dem Konstrukt der Arbeitszufriedenheit nur wenige theoretische Grundlagen. Die Erforschung des Commitments erfolgt in der Regel durch Bestimmung der Determinanten und Folgen für Mitarbeiter und Organisation. Da aber Commitment und Arbeitszufriedenheit theoretische Gemeinsamkeiten aufweisen, können die zugrunde liegenden Theorien der Arbeitszufriedenheit auch auf Commitment übertragen werden. (vgl. Gutknecht, 2007, S. 35)

Meyer und Allen (1990) haben eine Unterteilung des Commitments in drei Komponenten vorgeschlagen. Aufgrund dessen, dass es verschiedene

---

[31] Siehe Glossar im Anhang.

Gründe für die Verpflichtung gegenüber einer Organisation geben kann, wird von einer multiplen Basis ausgegangen. Alle drei Ausprägungen können gleichzeitig oder in unterschiedlicher Intensität nebeneinander auftreten. Dieses Modell wurde mehrfach empirisch bestätigt (vgl. Weinert, 2004, S. 181; Felfe, 2008, S. 37; Fischer, 2006, S. 40).

Nach dem Drei-Komponenten-Modell von Meyer und Allen (1990) wird eine Unterteilung des Commitments in drei Ausprägungen vorgeschlagen.

1. **affektives** *(affective)* **Commitment:** Dieses betont eine starke emotionale Verbundenheit mit der Organisation. Identifikation mit den Zielen der Organisation und Akzeptanz der Wertvorstellungen gehen einher mit der Bereitschaft, sich besonders für das Unternehmen einzusetzen und dem Wunsch, in der Organisation zu verbleiben.

2. **kalkulatorisches** *(continuance)* **Commitment:** Diese Form der Bindung resultiert vor allem aus einem Abwägen der Alternativen. Das Gefühl der Verpflichtung und Identifikation kommt beim kalkulatorischen Commitment nur schwach zum Tragen. Es geht vor allem um ein Abwägen der Kosten [32], die beim Verlassen der Organisation entstehen würden.

3. **normatives** *(normative)* **Commitment:** Hier beruht die Bindung auf internalisierten Normvorstellungen. Es handelt sich um eine moralische Verpflichtung aufgrund von familiärer oder betrieblicher Sozialisation.
(vgl. Meyer und Allen, 1990, S. 1 ff.)

---

[32] Der Begriff „Kosten" wird hier nicht im betriebswirtschaftlichen Sinne gebraucht. Vielmehr sind die Nachteile, die ein Verlassen der Organisation mit sich bringen würde, gemeint.

Das Drei-Komponenten-Modell lässt sich nicht nur auf die Bindung an die Organisation anwenden. Auch die Übertragung auf Verbundenheit mit dem Team, der Arbeit und anderen arbeitsbezogenen Faktoren ist möglich (vgl. Fischer, 2006, S. 41).

5.5 Zusammenhang von Arbeitszufriedenheit und Commitment

Sowohl Arbeitszufriedenheit als auch Commitment stellen Konstrukte der organisationalen Einstellungsforschung dar [33]. Es bestehen dennoch qualitative Unterschiede. Commitment ist stabiler und stärker als allgemeine Arbeitszufriedenheit. Es wird von der Organisationskultur, Normen und Werten sowie Führungsmaßnahmen beeinflusst. Der Fokus bei der Untersuchung von Commitment liegt auf der Organisation als Ganzes (vgl. Gutknecht, 2007, S. 34; Weinert, 2004, S. 179; Mowday, Steers & Porter, 1979, S. 226).

Mit beiden Konzepten geht in der Regel die Erwartung einher, dass sich Mitarbeiter, die hohe Werte in einem der Konzepte aufweisen, stärker im Unternehmen engagieren (vgl. Felfe, 2007, S. 157). Dabei wird häufig nicht berücksichtigt, dass Leistung auch von vielen anderen Faktoren abhängen kann, die nicht in der Person des Mitarbeiters liegen. So können z. B. Budgetierung, Arbeitsbedingungen und Arbeitsmaterialien ebenfalls einen Einfluss auf die Leistung ausüben.

Die Popularität der Konstrukte Arbeitszufriedenheit und Commitment liegt in der verbreiteten Annahme, dass eine positive Arbeitsbeurteilung sowie hohes Commitment Absentismusraten und Fluktuationstendenzen reduzieren. Mit dieser Erwartung ist eine primär ökonomische Bedeutung verbunden (vgl. Gutknecht, 2007, S. 3). Dennoch greift dieser Zusammenhang als einzige Erklärung zu kurz. Gutknecht (2007, S. 3) stellt nach Durchsicht der zu diesen Konstrukten existierenden Studien fest, dass es zwar

---

[33] Als drittes Einstellungskonzept wird häufig auch das Konzept der Involvierung untersucht. Dieses beschreibt das Engagement und Interesse für die Arbeit (vgl. Weinert, 2004, S. 178).

Zusammenhänge zwischen Arbeitszufriedenheit oder Commitment und Fluktuations- und Absentismusraten gibt, diese aber nicht so ausgeprägt sind wie gemeinhin angenommen wird.

Es kann beispielsweise vorkommen, dass auch in Arbeitsgruppen mit gleicher Tätigkeit und unter dem gleichen Vorgesetzten die Arbeitszufriedenheitsaussagen stark variieren (vgl. Jerdee, 1966; Reilly, 1995, zitiert nach: Gutknecht, 2007, S. 3).

Auch die Einführung einzelner Maßnahmen zur Veränderung des Arbeitsplatzes wirkt sich nicht immer in dieser Monokausalität aus (vgl. Ulich, 2001, zitiert nach: Gutknecht, 2007, S. 3) Gutknecht kommt daher zu der Annahme, dass noch weitere in der Person selbst begründete Merkmale einen Einfluss auf Fluktuation und Absentismus haben (vgl. Gutknecht, 2007, S. 34).

Neuere Studien bestätigen den Zusammenhang zwischen Arbeitszufriedenheit und affektivem Commitment. Nach der Meta-Analyse[34] von Cooper-Hakim und Viswesvaran (2005) liegt der Ursprung der wechselseitigen Beziehung zwischen beiden Konstrukten darin, dass bei beiden Konzepten die emotionale Bewertung der Arbeitssituation entscheidend ist.

Im Folgenden wird der Fokus auf die Verflechtungen der beiden Konzepte gelegt. Welches der Konzepte als Ursache und welches als Folge angesehen werden kann, ist nicht eindeutig empirisch belegt. Auch ein gleichberechtigter Einfluss von Arbeitszufriedenheit und Commitment auf das individuelle Verhalten ist möglich (vgl. Felfe & Six, 2006, S. 38).

Theoretisch besteht die Möglichkeit, dass Commitment vom Grad der Arbeitszufriedenheit abhängt. In diesem Fall ist zu erwarten, dass sich unzufriedene Mitarbeiter nicht oder nur wenig mit ihrem Unternehmen

---

[34] Siehe Glossar im Anhang.

verbunden fühlen. Mit dieser Hypothese geht auch die Annahme einher, dass sich Commitment langsamer als Arbeitszufriedenheit entwickelt, aber stabiler ist. Der organisationalen Verbundenheit wird eine Mediatorfunktion für Konsequenzen wie Leistung und Fluktuation zugeschrieben.

Auch der umgekehrte Zusammenhang ist denkbar. Commitment dient als Voraussetzung für Arbeitszufriedenheit. Dies wäre der Fall, wenn hohes Commitment die positive Bewertung der Arbeitssituation unterstützt und somit zur Zufriedenheit beiträgt. Demnach würde geringes Commitment Unzufriedenheit erzeugen, da dadurch die Bewertung der Arbeitssituation negativ beeinflusst würde. Darüber hinaus könnte die Möglichkeit, sich zu binden, den Wunsch nach Zugehörigkeit befriedigen und so die Arbeitszufriedenheit steigern. (vgl. Felfe & Six, 2006, S. 43)

Abbildung 11 gibt eine Übersicht darüber, welche Faktoren sowohl Arbeitszufriedenheit und Commitment bedingen können und welche positiven und negativen Konsequenzen sich aus beiden Konzepten ergeben können. Die Bedingungsfaktoren (Antezedenzen) und Konsequenzen stellen jeweils Beispiele dar und implizieren keine vollständige Auflistung aller möglichen Einflussgrößen.

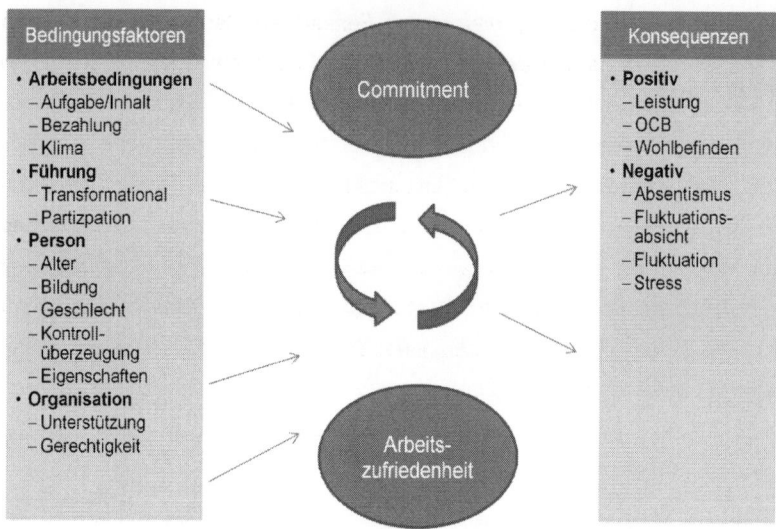

Abbildung 11 Bedingungsfaktoren und Konsequenzen von Commitment und Arbeitszufriedenheit (vgl. Felfe und Six, 2006, S. 39)

Eine Erklärung für das Zusammenspiel von Arbeitszufriedenheit und Mitarbeiterbindung findet sich bei Locke & Latham (1990). Basierend auf eigenen und fremden Studien, erklären sie anhand des "High Performance Cycle", wie in einer Organisation hohe Leistungen erzielt werden können. Der "High Performance Cycle" kann Abbildung 12 entnommen werden.

Wesentliche Voraussetzung für hohe Leistungen sind klar formulierte, anspruchsvolle Ziele, bedeutende Aufgaben und hohes Selbstvertrauen (Demands). Die folgenden Wirkungsmechanismen (Mediatoren), die Richtung des Handelns sowie die Ausdauer, Anstrengung und aufgabenbezogene Strategien bei der Zielereichung, werden von Zielen und Selbstvertrauen beeinflusst. Dies alles hat einen Effekt auf die Leistung. Daneben wirken sich die Folgenden Faktoren auf die individuelle Leistung aus: die Moderatoren [35], allgemeine Fähigkeiten des Individuums, sein Commitment zu den Zielen, das Feedback über die Zielerreichung, die Komplexität der Aufgabe und situative Randbedingungen.

Aus der hohen Leistung in Verbindung mit leistungsabhängigen (Contingent Rewards) und gegebenen Falls leistungsunabhängigen Belohnungen (Non-contingent Rewards) resultiert Locke & Latham (1990) zufolge eine hohe Arbeitszufriedenheit. Als Folge (Consequences) ergibt sich Commitment gegenüber der Organisation sowie die Bereitschaft, zukünftige Aufgaben zu akzeptieren. (vgl., *Locke & Latham, 1990, S. 252 ff; Locke & Latham 1990, zitiert nach Pleier, 2008, S. 83 f.)*

Dieser Theorie zufolge ist Commitment eine Folge der Arbeitszufriedenheit.

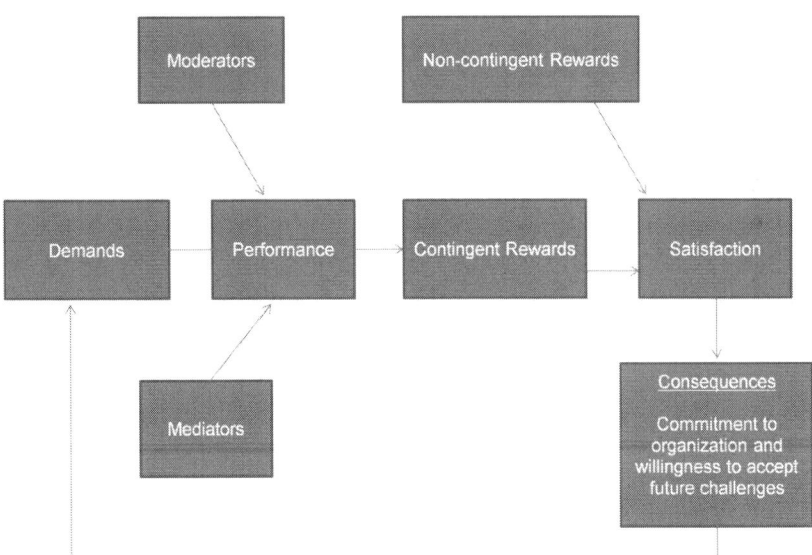

Abbildung12 High Performance Cycle (vgl. Locke & Latham, 1990, S. 253)

---

[35] Locke und Latham differenzieren Mediatoren und Moderatoren. Moderatoren haben einen direkten kausalen Effekt auf die Leistung. Sie können die Beziehung von zwei Variablen beeinflussen. Mediatoren begründen die Wirkung einzelner Variablen. (vgl. Locke & Latham, 1990, S. 174)

Die Ergebnisse einer Studie von Schmidt (2006) weisen darauf hin, dass affektives Commitment eine Moderatorenfunktion in Bezug auf Arbeitsbelastungen ausübt. Die negative Wirkung hoher Arbeitsbelastungen schwächt mit zunehmender Bindung an die Organisation ab. Arbeitszufriedenheit wird beispielsweise bei hohem affektivem Commitment weniger negativ beeinflusst, als dies bei geringem Commitment der Fall ist. In diesem Fall kommt dem Commitment eine Pufferfunktion zu. (Schmidt, 2006, S.121 ff.)

Einen weiteren Hinweis auf die wechselseitige Beziehung von Arbeitszufriedenheit und Commitment gibt auch die Studie von Scandura und Lankau (1997). Sie haben den Zusammenhang der Flexibilisierung von Arbeitszeiten auf Arbeitszufriedenheit und Commitment untersucht. Hier zeigte sich ein signifikanter positiver Zusammenhang zu beiden Konstrukten. Inwiefern diese untereinander korrelieren, wurde jedoch nicht untersucht.

6. Empirische Hinweise auf den Zusammenhang von familienfreundlichen Maßnahmen, Arbeitszufriedenheit und Commitment

6.1 Empirische Befunde familienbewusster Personalpolitik

Die historische Entwicklung des Forschungsfeldes der betrieblichen Familienpolitik beginnt 1960. Der Familienwissenschaftler Max Wingen hat die Bedeutung eines positiven Verhältnisses zwischen Betrieb und Familie herausgearbeitet. Insbesondere ging es um die Bedeutung der Arbeitszeit und um betriebliche Unterstützungsmöglichkeiten für Familien. (vgl. Wingen, 1960, zitiert nach Gerlach et al., 2007, S. 1 f.)

Danach gab es lange Zeit keine wesentlich neuen Überlegungen oder Studien zu diesem Thema. Erst Mitte der 1990er Jahre wurde das Thema „Familienbewusste Personalpolitik" wieder stärker in den Fokus der Forschung gesetzt. Gerlach et al. (2007) bestimmen das Jahr 2003 als

Ausgangspunkt für die Bearbeitung der Forschungslücke zu den familienfreundlichen Maßnahmen (Gerlach et al., 2007, S. 2).

Die Recherche von Althammer in der Datenbank EconLit[36] bestätigt die Ergebnisse von Gerlach et al. Die Suche umfasste den Zeitraum von 1989 - 2005. Insgesamt wurden 369 Einträge zu den Begriffen "family friendly policies" und "personal management" gefunden. Seit 2000 kann ein verstärktes Interesse an dem Thema festgestellt werden. Zwischen 2000 und 2003 war das Interesse kurzzeitig rückläufig. Ab da erfolgten wieder vermehrte Publikationen. Ein weiterer Indikator, um das Jahr 2003 als Ausgangspunkt für die aktuelle Forschung in Deutschland im Bereich der familienbewussten Personalpolitik zu sehen, ist die Repräsentativbefragung des Instituts der deutschen Wirtschaft. Hierbei handelt es sich um eine Bestandsaufnahme familienbewusster Maßnahmen und um die Erfassung der Motive zur Einführung solcher Maßnahmen. (vgl. Althammer, 2007, S. 46 f.)

Im Folgenden sollen die aktuellsten Studien und Befunde einer familienbewussten Personalpolitik vorgestellt werden. Ausgewählt wurden aufgrund der vorangestellten Argumente Studien, die in den letzten 7 Jahren in Deutschland durchgeführt wurden. Ein Ländervergleich[37] ist nicht Bestandteil dieser Arbeit. Studien, die im Ausland durchgeführt wurden, werden darum an dieser Stelle nicht berücksichtigt.

---

[36]Siehe Glossar im Anhang.

[37] Der Vergleich des betrieblichen Familienbewusstseins in Deutschland mit anderen Ländern ist auch deshalb fraglich, weil die Rahmenbedingungen, wie z. B. die staatlichen Betreuungsangebote oder die Rollenteilung der Geschlechter, keine direkte Vergleichbarkeit mit anderen Ländern aufweisen (vgl. Schneider et al., 2010, S. 126).

Jahr	Autoren	Titel der Studie	Kurzbeschreibung
2003	Flüter-Hoffmann & Solbrig	Wie familienfreundlich ist die deutsche Wirtschaft?	Befragung (n= 878)
2003	Backes-Gellner et al.	Familienfreundlichkeit im deutschen Mittelstand	Quantitative (n= 759) und Qualitative (n= 23) Untersuchungen
2003	BMFSFJ (Hrsg.)	Betriebswirtschaftliche Effekte familienfreundlicher Maßnahmen. Kosten-Nutzen-Analyse	Modellrechnungen auf Basis von Fallstudien (n= 10)
2006	BMFSFJ	Unternehmensmonitor Familienfreundlichkeit 2006	Befragung (n= 1.128)
2008	Schneider et al.	Betriebswirtschaftliche Ziele und Effekte einer familienpolitischen Personalpolitik	Befragung (n= 1.001)
2009	BMFSFJ	Unternehmensmonitor Familienfreundlichkeit 2010	Befragung (n= 1.319)

Tabelle 2: Studien zu den Motiven, Wirkungen und Zielen familienbewusster Personalpolitik (Eigene Darstellung in Anlehnung an Schneider et al., 2008, S. 13)

6.2 Wie familienfreundlich ist die deutsche Wirtschaft?

Das Institut der deutschen Wirtschaft Köln (IW) hat im Jahr 2003 eine Unternehmensbefragung durchgeführt, um die Bedeutung von Familienfreundlichkeit für Unternehmen in Deutschland zu ermitteln. Anschließend an diese Befragung wurde in den Jahren 2006 und 2010 der Unternehmensmonitor Familienfreundlichkeit herausgegeben. Diese Untersuchungen werden in Kapitel 6.5 und 6.7 vorgestellt.

Für die Unternehmensbefragung von 2003 wurden 10.000 Unternehmen aus einer nach Wirtschaftszweigen und Unternehmensgrößen geschichteten Zufallsstichprobe angeschrieben und gebeten, an der Befragung teilzunehmen. Entsprechend einer Rücklaufquote von 9 % waren 878 Fragebögen auswertbar. Aufgrund der Verteilung in der Merkmalsmatrix[38] konnten für alle Unternehmens- und Größenklassen repräsentative Aussagen getroffen werden.(vgl. Flüter-Hoffmann & Solbrig, 2003, S. 37 f.)

Das IW teilte die familienfreundlichen Maßnahmen in die vier Themenbereiche Kinder- und Angehörigenbetreuung, Familienservice und Beratungsangebote und Förderung von Frauen und Eltern ein[39] Die folgende Grafik (Abbildung 13) zeigt einzelnen Maßnahmen, die diesen Bereichen zugeordnet werden können.

---

[38] Berücksichtigt werden die Merkmale Branche und Unternehmensgröße. (vgl. Flüter-Hoffmann & Solbrig, 2003, S. 38)

[39] Diese Einteilung sowie die entsprechenden Maßnahmen werden auch im Unternehmensmonitor 2006 und 2010 verwendet.

Arbeitszeitflexibilisierung und Telearbeit	Kinder und Angehörigenbetreuung
•Flexible Tages- / Wochenarbeitszeiten •Individuell vereinbarte Arbeitszeiten •Vorübergehende Teilzeit •Vertrauensarbeitszeit •Flexible Jahres- Lebensarbeitszeiten •Jobsharing •Telearbeit •Sabbaticals	•Arbeitsunterbrechung (z. B.. bei Krankheit der Kinder) •Arbeitsunterbrechung (z.B. Angehörigenpflege) •Betriebskindergarten •Betriebskinderkrippe •Pflegedienst/Kurzzeitpflege •Kindergartenplätze anmieten •Tagesmütterservice
Familienservice/ Beratungsangebote	Förderung von Eltern und Frauen
•Gesundheitsvorsorge •Kantinenessen für Mitarbeiterkinder •Freizeitangobote für Mitarbeiter /Familie •Rechtsberatung (z.B. Elternzeit) •Angebot haushaltsnaher Dienstleistungen	•Wiedereinstiegsprogramme •besondere Personalentwicklung für Frauen •Weiterbildungsangebote in der Elternzeit •Frauenförderprogramme •besondere Väterförderung •Patenprogramme in der Elternzeit

Abbildung 13 Familienfreundliche Maßnahmen in der Praxis (vgl. Flüter-Hoffmann & Solbrig, 2003, S. 41, eigene Darstellung)

Maßnahmen zur Arbeitszeitflexibilisierung und / oder Telearbeit wurden mit insgesamt 76,8 % am häufigsten genannt.

Die Befragung der Unternehmen nach ihren Motiven zur Einführung familienfreundlicher Maßnahmen ergab, dass das häufigste Motiv aus Sicht der Unternehmen die Erhöhung der Arbeitszufriedenheit ist. 75,8 % der befragten Unternehmen gaben dies als Motiv an. Das Motiv Mitarbeiter zu gewinnen und zu halten wurde mit 74,7 % am zweithäufigsten genannt. Abbildung 14 zeigt die fünf meistgenannten Motive für die Einführung familienfreundlicher Maßnahmen.

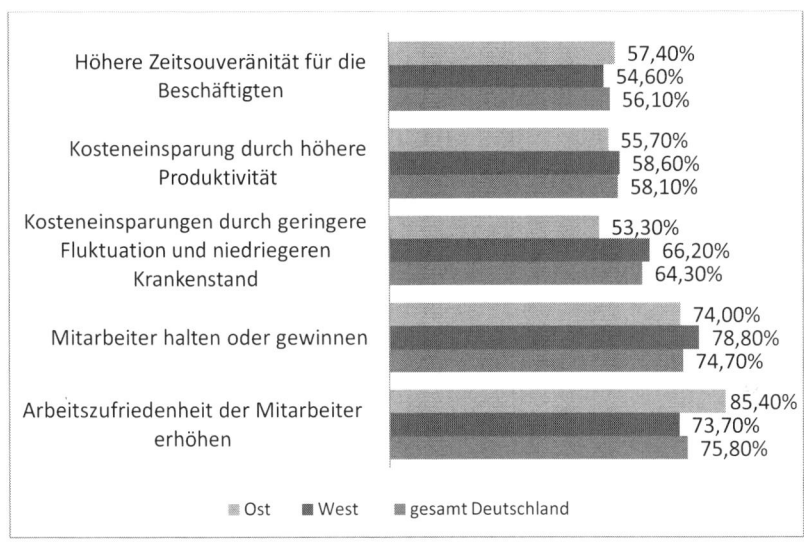

Höhere Zeitsouveränität für die Beschäftigten	57,40%
	54,60%
	56,10%
Kosteneinsparung durch höhere Produktivität	55,70%
	58,60%
	58,10%
Kosteneinsparungen durch geringere Fluktuation und niedriegeren Krankenstand	53,30%
	66,20%
	64,30%
Mitarbeiter halten oder gewinnen	74,00%
	78,80%
	74,70%
Arbeitszufriedenheit der Mitarbeiter erhöhen	85,40%
	73,70%
	75,80%

Ost West gesamt Deutschland

Abbildung 14 Motive für familienfreundliche Maßnahmen (vgl. Flüter-Hoffmann & Solbrig, 2003, S. 38)

6.3 Familienfreundlichkeit im Mittelstand

Backes-Gellner, Kranzusch, Schröer und Kay (2003) haben auf der Grundlage einer schriftlichen Befragung von 759 Unternehmen den Nutzen familienfreundlicher Maßnahmen untersucht. Zusätzlich wurden 23 kleine Unternehmen in Form von Fallstudien genauer untersucht.

Das Ergebnis der Untersuchung zeigt, dass in kleinen und mittelständischen Unternehmen vieles dafür spricht, sich für eine familienfreundliche Personalpolitik einzusetzen. Dabei profitieren sowohl das Unternehmen wie auch die Mitarbeiter. Im Hinblick auf die Rekrutierung und Bindung von Fachkräften ist eine familienfreundliche Personalpolitik ein wichtiger Wettbewerbsfaktor.

Die empirischen Befunde von Backes-Gellner et al. deuten darauf hin, dass das Qualifikationsniveau und die Art der Arbeit für die Wahl der Maßnahmen entscheidend sind. Es ist tendenziell üblich, Mitarbeitern mit einfachen

Tätigkeiten kostengünstige familienfreundliche Maßnahmen wie z. B. Maßnahmen zur Arbeitszeit und Urlaubsregelung anzubieten. Die Bereitschaft der Unternehmen, Maßnahmen mit höheren Investitionskosten anzubieten, steigt mit der Qualifikation der Mitarbeiter.

In Bezug auf die Größe der untersuchten Unternehmen und die generelle Einführung von Maßnahmen konnte kein Zusammenhang gefunden werden.

Die insgesamt am häufigsten genutzten Maßnahmen bezogen sich auf die Dauer und Lage der Arbeitszeit. Dadurch wird einerseits den Mitarbeitern mehr Zeitsouveränität zugestanden, andererseits bieten sie dem Unternehmen die Möglichkeit, flexibler auf Wettbewerbsbedingungen zu reagieren. Mehr als die Hälfte der Unternehmen bietet ihren Mitarbeitern Teilzeitarbeit an. Seltener werden Maßnahmen wie Vergütungsregelungen, Tele- und/oder Heimarbeit, Unterstützung bei der Kinderbetreuung oder Angebote zur Kontaktpflege während der Elternzeit genutzt. (vgl. Backes-Gellner et al., 2003, S. 70 f.)

Als Motive kleiner und mittelständischer Unternehmen für den Einsatz von familienfreundlichen Maßnahmen werden Mitarbeiterzufriedenheit, Arbeitsmotivation, Zeitsouveränität der Mitarbeiter und Mitarbeiterbindung genannt. Als Folge der Mitarbeiterbindung wird auch die Kundenbindung genannt. Unternehmensinterne Aktivitäten werden in der Regel nicht nach außen kommuniziert. Das Unternehmensimage wird daher nur als Randerscheinung familienfreundlicher Maßnahmen genannt. (vgl. Backes-Gellner et al., 2003, S. 49 ff.)

Tendenziell stellte sich heraus, dass größere Unternehmen eher bereit waren, Maßnahmen mit höheren Investitionskosten einzuführen. Im Bedarfsfall werden Mitarbeiter in größeren Unternehmen durch professionelle Agenturen z. B. bei der Kinderbetreuung unterstützt. Kleinere Unternehmen reagieren auf die familiären Verpflichtungen ihrer Mitarbeiter eher mit der flexiblen Organisation der Arbeit.

Die persönliche Lebenserfahrung und der Familienstand des Unternehmers oder der Unternehmerin haben ebenfalls einen Einfluss auf die Führung des

Unternehmens. Hat die Unternehmerperson selbst Kinder und betrachtet sie die Haus- und Erziehungsarbeit als wertvolle Aufgabe, führt dies zu einer verstärkten Umsetzungsbereitschaft familienfreundlicher Maßnahmen im Unternehmen. (vgl. Backes-Gellner et al., 2003, S. 71 f.)

Eine Auditierung wie z. B. die Auditierung durch das berufundfamilie audit erscheint den meisten kleinen und mittleren Unternehmen als nicht attraktiv (vgl. Backes-Gellner et al., 2003, S. 73). Etwa 40 % der Titelträger des berufundfamilie audits kommen aus dem Mittelstand[40] (vgl. Backes-Gellner et al., 2003, S. 65 f.) Im Vergleich zu großen Unternehmen und öffentlich-rechtlichen Einrichtungen werben sie nicht mit den eingeführten Maßnahmen. Auch die Kosten für die Auditierung werden als hoch eingestuft (vgl. Backes-Gellner et al., 2003, S. 73).

6.4 Betriebswirtschaftliche Effekte familienfreundlicher Maßnahmen

Die auch unter dem Namen Prognos Studie[41] bekannte Kosten-Nutzen-Analyse betriebswirtschaftlicher Effekte familienfreundlicher Maßnahmen wurde 2003 im Auftrag der Bundesregierung durchgeführt. Es handelt sich dabei um eine Untersuchung von Fallstudien auf Basis der Controllingdaten von 10 mittelgroßen Betrieben unterschiedlicher Branchen und Regionen, die für ihre Familienfreundlichkeit bekannt sind (BMFSFJ, 2005, S. 12). Anhand der Daten aus den analysierten Unternehmen wurde eine Modellrechnung für die fiktive „Familien GmbH" erstellt (BMFSFJ, 2005, S. 6). Ziel der Untersuchung war es zu prüfen, ob sich der Einsatz familienfreundlicher Maßnahmen[42] betriebswirtschaftlich rentiert. Darüber hinaus soll die Studie einen Beitrag dazu leisten, eine höhere Transparenz über die Aufwendungen

---

[40] Im Vergleich zum Anteil der Mittelständischen an den gesamtdeutschen Unternehmen ist dies wenig, da 99,7% aller deutschen Unternehmen zu den kleinen und mittelständischen Unternehmen zählen. (vgl. Günterberg, 2010, http://www.ifm-bonn.org/index.php?id=89)

[41] Die Studie wurde im Auftrag der Bundesregierung von der Prognos AG durchgeführt.

[42] Zu den familienfreundlichen Maßnahmen zählen im Rahmen dieser Untersuchung nur solche, die sich auf Maßnahmen für Eltern mit kleinen Kindern beziehen.(BMFSFJ, 2005, S. 10)

und Kosten familienfreundlicher Maßnahmen herzustellen (BMFSFJ, 2005, S. 10).

Um eine Vergleichbarkeit der Ergebnisse zu gewährleisten, wurden folgende Kriterien an das Datenmaterial gestellt:

- Um Veränderungen messen zu können, müssen Daten vor und nach Einführung der familienfreundlichen Maßnahmen vorliegen.
- Die Effekte müssen sich gegenüber anderen Einflussfaktoren isolieren lassen.
- Die Messgrößen müssen monetär bewertbar sein.

Als Datengrundlage für die Analyse wurden Veränderungen der Fluktuation, Rückkehrdauer aus der Elternzeit und Fehlzeiten von Eltern herangezogen.

Folgende Bedingungen wurden für die fiktive „Familien GmbH" festgelegt: Es handelt sich um ein wirtschaftlich gesundes Unternehmen mit 1500 Mitarbeitern. Das Unternehmen ist an der Bindung seiner Mitarbeiter interessiert und es verfügt über Mitarbeiter mit überdurchschnittlichem Qualifikationsniveau[43].

Zur Berechnung der Effekte wurden drei unterschiedliche Szenarien angenommen.

Im Basisszenario wird angenommen, dass keine familienfreundlichen Maßnahmen eingesetzt werden. Im zweiten Szenario wird davon ausgegangen, dass familienfreundliche Maßnahmen eingesetzt werden und Einsparungen entstehen, die dem Umfang der Einsparungen in den Basisunternehmen entsprechen. Drittens werden noch Berechnungen für ein Optimalszenario angestellt. Sie stellen die hypothetisch maximal möglichen Einsparungen dar. (BMFSFJ, 2005, S. 29 ff.)

Auf die Darstellung des Optimalszenarios wird verzichtet, da es sich um rein mutmaßliche Werte handelt.

---

[43] Dadurch fallen im Personalauswahlprozess hohe Anwerbe- und Auswahlkosten an(BMFSFJ, 2005, S.29).

Für die fiktive „Familien GmbH" wurde für Eltern in Elternzeit und für Beschäftigte folgendes Maßnahmenpaket als Angebot angenommen:

- Beratungs- und Kontakthalteangebote
- flexible Arbeitszeitmodelle
- Telearbeitsplätze
- betriebliche Ganztageskindergartenplätze

Anhand der Szenariorechnung konnte gezeigt werden, dass sich die Einführung familienbewusster Maßnahmen auch aus Kosten-Nutzen-Aspekten lohnt.

Für das Musterunternehmen wurde für die familienfreundlichen Maßnahmen eine Rendite von 25 % ermittelt.

Hinsichtlich der in Elternzeit abgehenden Beschäftigten wurde pro Beschäftigten ein Kosteneinsparpotenzial von 35.000 € jährlich ermittelt. Die Überbrückungskosten konnten um 13 % reduziert werden. Die Fluktuations- und Wiederbeschaffungskosten für Mitarbeiter konnten um 31 % gesenkt werden. Die Rückkehrquote der Mitarbeiter stieg von 20 % auf 80 % an. Die Kosten für die Wiedereingliederung reduzierten sich im Realszenario um 33 %. Insgesamt übersteigen die Einsparungen durch familienfreundliche Maßnahmen deutlich die Kosten für den Einsatz der Maßnahmen. Das angenommene Paket würde sich auf jährliche Kosten von rund 304.000 € belaufen. Demgegenüber steht eine Kosteneinsparung von rund 379.000 €. (BMFSFJ, 2005, S. 29 ff.)

Nach diesen Ergebnissen lässt sich ein deutlicher monetärer Vorteil durch die Implementierung einer familienfreundlichen Personalpolitik erkennen. Es ist anzunehmen, dass Unternehmen in der Regel besonders durch finanzielle Anreize von der Notwendigkeit familienfreundlicher Maßnahmen zu überzeugen sind.

6.5 Unternehmensmonitor Familienfreundlichkeit 2006

In Anknüpfung an die repräsentative Unternehmensbefragung des IW 2003 wurde 2006 erneut eine Befragung von 1.128 Geschäftsführern und Personalverantwortlichen durchgeführt. Es handelte sich dabei um eine standardisierte Befragung, die telefonisch durchgeführt wurde. Es wurde eine nach Branchen und Unternehmensgrößen geschichtete Zufallsstichprobe verwendet. Um die Vergleichbarkeit mit der 2003 durchgeführten Befragung zu gewährleisten, wurden dieselben Items abgefragt. Es wurden lediglich Einzelne hinzugefügt bzw. nicht mehr abgefragt. Insgesamt wurden 22 Einzelmaßnahmen abgefragt. (vgl. BMFSJ, 2006, S. 22 f)

Ein Vergleich mit 2003 zeigte, dass die Bedeutung der Familienfreundlichkeit sowohl für die Mitarbeiter und Führungskräfte als auch für das Unternehmen selbst stark angestiegen ist. Abbildung 15 stellt diesen Anstieg grafisch dar.

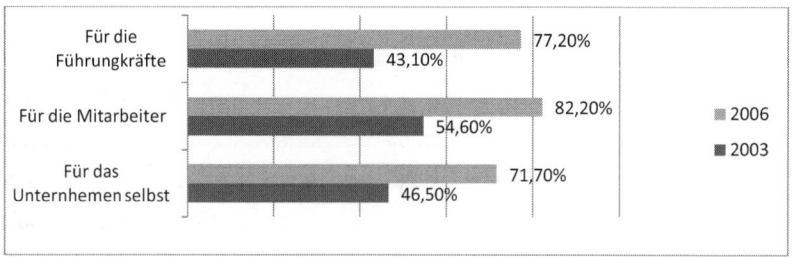

Abbildung 15 Bedeutung der Familienfreundlichkeit für Unternehmen, Mitarbeiter und Führungskräfte (vgl. BMFSJ, 2006, S. 11)

Maßnahmen zur Arbeitszeitflexibilisierung stellten die am häufigsten angebotenen familienfreundlichen Maßnahmen dar. Die wichtigsten Maßnahmen sind die „individuelle Arbeitszeit" (72,9 %), „flexible Tage- und Wochenarbeitszeit" (67,4 %) und die „Vertrauensarbeitszeit". (51,4 %). (vgl. BMFSJ, 2006, S. 14)

Auch nach Ansicht der Beschäftigten sind Maßnahmen zur Flexibilisierung der Arbeitszeit entscheidend für die bessere Vereinbarkeit von Familie und Beruf.

88,9 % der befragten Arbeitgeber boten 2006 mindestens eine Maßnahme an, um diesem Wunsch zu entsprechen. 84,3 % fördern den Wiedereinstieg nach der Elternzeit. (vgl. BMFSJ, 2006, S. 11)

Die Motive für die Einführung familienfreundlicher Maßnahmen entsprachen 2006 in etwa denen von 2003. An erster Stelle wurde „Qualifizierte Mitarbeiter halten und gewinnen" mit 83,4 % (2003: 74,8 %) genannt. An zweiter Stelle stand „Arbeitszufriedenheit der Mitarbeiter erhöhen" mit 81,1 % (2003: 75,8 %). (vgl. BMFSJ, 2006, S. 19)

6.6 Betriebswirtschaftliche Ziele und Effekte einer familienbewussten Personalpolitik

Schneider et al. (2008) haben mit der 2007 durchgeführten Studie: „betriebswirtschaftliche Ziele und Effekte einer familienbewussten Personalpolitik" (2008) den berufundfamilie-Index[44] als Instrument genutzt, um betriebliches Familienbewusstsein zu quantifizieren. Der berufundfamilie-Index misst Familienbewusstsein im Betrieb in seiner Gesamtheit und geht über die Erfassung familienbewusster Maßnahmen hinaus. Er berücksichtigt konzeptionell das gesamte Spektrum betrieblichen Familienbewusstseins. Neben der öffentlichen Wahrnehmung familienbewusster Personal-maßnahmen misst er auch die Unternehmenskultur sowie betriebliche Informations- und Kommunikationsprozesse. (vgl. Schneider et al., 2008, S. 8)

Die Datenbasis bildete die telefonische Befragung von 1.001 Personalverantwortlichen deutscher Unternehmen. Davon konnte aufgrund fehlender Werte in der Befragung nur für 960 Unternehmen ein Indexwert berechnet werden (vgl. Schneider et al., 2008, S. 45).

---

[44] Der berufundfamilie- Index wird in Kapitel 3 vorgestellt.

Es handelt sich dabei um eine Repräsentativerhebung durch die „Kämer Marktforschung" GmbH in Münster im Jahr 2007. Ziel war es, das Familienbewusstsein deutscher Unternehmen und dessen Wirkung auf ausgewählte betriebswirtschaftliche Variablen abzubilden. Da ein Unternehmen über mehrere (räumlich oder organisatorisch getrennte) Betriebsstätten verfügen kann und in diesen unter Umständen unterschiedlich ausgeprägtes Familienbewusstsein herrscht, wurden Betriebsstätten bzw. Betriebe als relevante Untersuchungseinheit für die Grundgesamtheit ausgewählt. (vgl. Schneider et al., 2008, S. 42 f.)

Als Mindestbeschäftigtenzahl in einem Betrieb wurden sechs Beschäftigte festgelegt. Betriebe mit weniger Beschäftigten lösen Vereinbarkeitsproblematiken in der Regel informell, für sie wird der berufundfamilie-Index daher nicht angewendet.

Die Unterteilung nach Beschäftigtengrößenklassen erfolgte in kleine (6 - 49 Mitarbeiter), mittlere (50 - 199 Mitarbeiter), größere (200 - 499 Mitarbeiter) und große Betriebe ($\geq$ 500 Mitarbeiter).

Für die Einteilung nach Wirtschaftszweigen wurden die 12 Hauptgruppen der Wirtschaftszweige [45] benutzt. Private Haushalte mit Hauspersonal, der Primärsektor und die öffentliche Verwaltung wurden nicht mit in die Stichprobe einbezogen.

Die quantitative Analyse der Daten erfolgte mittels des berufundfamilie-Index. Die Auswertung wurde mit Unterstützung von SPSS durchgeführt. (vgl. Schneider et al., 2008, S. 43 ff.)

Ziel der Untersuchung war es, die Reichweite und Intensität betriebs- wirtschaftlicher Effekte einer familienbewussten Personalpolitik zu erfassen. Im Zentrum der Untersuchung standen die überlagernden Ziele Mitarbeiterbindung und Mitarbeitergewinnung. Diese wurden in Bezug auf

---

[45] Folgende Wirtschaftszweige wurden berücksichtigt: Bergbau, verarbeitendes Gewerbe, Energie- und Wasserversorgung, Baugewerbe, Handel, Gastgewerbe, Verkehr- u. Nachrichtenübermittlung, Kredit und Versicherung, Grundstückswesen, Erziehung u. Unterricht, Gesundheit, sonstige Dienstleistungen (vgl. Schneider et al., 2008, S. 44).

aktuelle Mitarbeiter hinsichtlich ihrer Wirkungsbeziehungen zu Arbeits-zufriedenheit, Motivation, Fehlzeiten, Humankapitalakkumulation, Kundenbindung, Kostensenkung und Mitarbeiterproduktivität untersucht. Hinsichtlich potenzieller Mitarbeiter wurden Wirkungsbeziehungen in Bezug auf den Bewerberpool, die Bewerberqualität und die Opportunitätskosten unbesetzter Stellen untersucht. (vgl. Schneider et al., 2008, S. V ff.)

Im Folgenden werden vor allem diejenigen Aspekte der Untersuchung von Schneider et al. vorgestellt, welche sich auf die in dieser Arbeit untersuchten Aspekte der Arbeitszufriedenheit und Mitarbeiterbindung beziehen.

Grundlage für die unabhängige Variable war die Annahme, dass betriebliches Familienbewusstsein auf einzelne betriebswirtschaftliche Variablen wirkt. Diese wurden als abhängige Variablen beschrieben (vgl. Schneider et al., 2008, S. 45).

Schneider et al. (2008) verstehen die Variable Arbeitszufriedenheit grundsätzlich als „die positiven Gefühle eines Beschäftigten gegenüber seiner Arbeit" (Schneider et al., 2008, S. 16). Die Autoren gehen aufgrund einer Literaturrecherche davon aus, dass ein Zusammenhang zwischen Motivation und Arbeitszufriedenheit besteht[46]. Die Wirkungsrichtung ist nicht endgültig geklärt. Die empirischen Befunde deuten darauf hin, dass ein wechselseitiger Wirkungszusammenhang existiert.[47]

Die Variable Mitarbeiterbindung sehen Schneider et al. (2008) vor allem im Zusammenhang mit der Qualifikation des Mitarbeiters als bedeutsam an. Im Vordergrund steht das Ziel, die Fluktuation [48] qualifizierter Mitarbeiter möglichst gering zu halten, um bestehendes Humankapital nicht zu verlieren. Die Bindung der Mitarbeiter an das Unternehmen resultiert aus ihrer Loyalität für den Erhalt familienbewusster Leistungen. Diese werden als

---

[46] Die genauen Wirkungszusammenhänge von Arbeitszufriedenheit, Motivation und Mitarbeiterbindung werden in Kapitel 5 dargestellt.
[47] Siehe dazu auch Kapitel 5 dieser Arbeit.
[48] Als Fluktuation verstehen Schneider et al das Ausscheiden aus dem Betrieb aufgrund einer Kündigung durch den Arbeitnehmer.

Gegenleistung für die erbrachte Arbeitsleistung angesehen. (vgl. Schneider et al., 2008, S. 16 ff.) In der Studie wurde die Mitarbeiterbindung mittels eines einzelnen Items abgefragt. Für die Messung der Arbeitszufriedenheit wurden drei Items verwendet. (Schneider et al., 2008, S. 59 ff.)

Schneider et al. (2008) stellten fest, dass die familienbewusste Personal-politik nicht auf eine generelle Mitarbeiterbindung und -gewinnung ausgerichtet ist. Vielmehr geht es den befragten Unternehmen darum, qualifizierte Mitarbeiter zu gewinnen und Mitarbeiter, die schwer ersetzbar sind und über besonderes betriebsinternes Wissen verfügen[49], im Unter-nehmen zu halten. (vgl. Schneider et al., 2008, S. 32)

Zusammenfassend kommen Schneider et al. (2008) zu dem Ergebnis, dass betriebliches Familienbewusstsein den Unternehmenserfolg nachhaltig beeinflusst. Hinsichtlich der untersuchten Aspekte wurde festgestellt, dass familienbewusste Unternehmen in Bezug auf die Mitarbeiterbindung um 17 % bessere Werte als nicht familienbewusste Unternehmen erhalten. Im Hinblick auf die Arbeitszufriedenheit wurden um 13 % bessere Werte erzielt. Insgesamt wurde in allen untersuchten Zielbereichen ein besseres Abschneiden der familienbewussten Unternehmen festgestellt. (vgl. Schneider et al., 2008, S. 65)

Weiter hat die Untersuchung gezeigt, dass eine familienbewusste Personalpolitik unmittelbar auf Arbeitszufriedenheit, Motivation und Bindung wirkt (Schneider et al., 2008, S. 63). Die genauen Wirkungszusammenhänge einzelner Maßnahmen familienbewusster Personalpolitik auf einzelne betriebswirtschaftliche Effekte konnten jedoch nicht festgestellt werden (Schneider et al., 2008, S. 52).

Abschließend schlagen Schneider et al. (2008) die Durchführung von Zeitreihenuntersuchungen vor, um eine Weiterführung und Verfeinerung der

---

[49] Die Eingruppierung solcher Mitarbeiter als Akademiker greift zu kurz, da der Bildungsabschluss in diesem Kontext unerheblich ist. Schneider et al. (2008) bezeichnen solche Mitarbeiter daher als „wichtige Mitarbeiter" (vgl. Schneider et al., 2008, S. 32).

Untersuchung der betriebswirtschaftlichen Effekte zu erzielen (Schneider et al. 2008, S. 66).

6.7 Unternehmensmonitor Familienfreundlichkeit 2010

Anknüpfend an die Befragungen des Instituts der deutschen Wirtschaft Köln (IW) in den Jahren 2003 und 2006 wurden im Herbst 2009 1.319 Geschäftsführer und Personalverantwortliche deutscher Unternehmen befragt, um den Stellenwert der Familienfreundlichkeit in Deutschland zu ermitteln. Es handelt sich dabei um eine repräsentative Befragung. Zu beachten ist, dass es sich nicht um eine Längsschnittuntersuchung handelt, weil die Stichproben der drei Studien nicht aus denselben Unternehmen gezogen wurden. (vgl. BMFSFJ, 2010, S. 27)

Das IW teilte die familienfreundlichen Maßnahmen in die folgenden vier Handlungsfelder ein: „Arbeitszeitflexibilisierung/Telearbeit", „Elternzeit/ Elternförderung", „Kinder- und Angehörigenbetreuung" sowie „Familien-service".

Am häufigsten genannt wurden aus dem Bereich der „Arbeitszeitflexibilisierung/Telearbeit": „Teilzeitarbeit" (79,2 %), „Individuell vereinbarte Arbeitszeiten" (72,8 %) sowie „Flexible Tages- und Wochen-arbeitszeit" (70,2 %).

Im Bereich „Elternzeit/Elternförderung" wurde hauptsächlich die „Besondere Rücksichtnahme auf Eltern oder Unterstützung der Eltern" (80,1 %) sowie „Teilzeit oder phasenweise Beschäftigung während der Elternzeit" (60,5 %) genannt.

Im Bereich „Kinder- und Angehörigenbetreuung" war die „Arbeitsfreistellung wegen Krankheit der Kinder über die gesetzliche Regelung hinaus" (52,2 %) die wichtigste angebotene Maßnahme. Aus dem Bereich „Familienservice" werden nur in einer Minderheit der befragten Unternehmen Angebote gemacht. (vgl. BMFSFJ, 2010, S. 7)

Gegenüber der Befragung von 2006 ist der Stellenwert des Themas Familienfreundlichkeit von 71,7 % auf 79,8 % angestiegen.

Daran zeigt sich, dass immer mehr Unternehmen ein Bewusstsein für die Bedeutung der Balance zwischen Berufs- und Privatleben entwickeln.

Bei den Beschäftigten selbst bleibt die Bedeutung familienfreundlicher Maßnahmen weiterhin hoch (2009: 81,1 %; 2006: 82,2 %). (vgl. BMFSFJ, 2010, S. 8)

Bei der Untersuchung der Motive für die Einführung familienfreundlicher Maßnahmen wurden „Qualifizierte Mitarbeiter halten und gewinnen" (93,2 %) und „Arbeitszufriedenheit der Mitarbeiter erhöhen" (93,1 %) am häufigsten genannt. Daneben wurden auch „Höhere Produktivität" (80,1 %) und „Aus Elternzeit zurückkehrende Mitarbeiter schnell integrieren" (77,4 %) als besonders wichtige Motive genannt.

Als Hemmnisse wurden „kein Bedarf bei den Mitarbeitern" (59,8 %), „Gesetzliche/ tarifliche Bestimmungen sind ausreichend" (58,7 %) und „zu geringe staatliche Förderung" (49,8 %) genannt. (vgl. BMFSFJ, 2010, S. 21)

6.8   Resümee der empirischen Befunde

Viele der vorgestellten Studien und Untersuchungen verbindet, dass sie mögliche Maßnahmen und Einzelfallstudien in Form von Best-Practice-Beispielen aus der deutschen Wirtschaft zeigen. Darüber hinaus werden die Probleme unzureichender Vereinbarkeitsmöglichkeiten diskutiert. Ebenso geht es in der Regel darum, das Problem des demografischen Wandels und die damit verbundenen Auswirkungen auf den Arbeitsmarkt zu thematisieren. Die konkrete Umsetzung von Work-Life-Balance Maßnahmen und deren genaue Wirkung auf einzelne Effekte wie z. B. Arbeitszufriedenheit und Commitment wird nicht dezidiert untersucht. Die Frage nach Erfolgsfaktoren und Hemmnissen bei der Einführung familienfreundlicher Maßnahmen kann daher nur aufgrund theoretischer Annahmen und der Hinweise von Schneider et al. (2008) beantwortet werden.

Vor dem Hintergrund der in Kapitel 5 gezeigten vielfältigen Möglichkeiten zur Messung von Arbeitszufriedenheit und Mitarbeiterbindung ist das Messen dieser Ziele mit nur einem oder wenigen Items wie bei Scheider et al. (2008) kritisch zu beurteilen. Solche Ergebnisse können eine Hinweis darauf geben, wie zufrieden die Mitarbeiter mit ihrer Arbeit sind. Es können allerdings keine Schlüsse daraus abgeleitet werden, welche familienfreundlichen Maßnahmen eingeführt werden müssten, um die Zufriedenheit zu verbessern. Zudem handelte es sich bei allen Untersuchungen um Befragungen der Unternehmensvertreter. Diese werden Bindung und Arbeitszufriedenheit vermutlich anders einschätzen als die betroffenen Mitarbeiter selbst.

Die Durchsicht der Studien hat ergeben, dass nicht alle als familienfreundlich eingestuften Maßnahmen aus Unternehmenssicht von gleicher Bedeutsamkeit sind. Zum Beispiel werden Maßnahmen aus dem Bereich Familienservice nur selten angeboten (vgl. BMFSFJ, 2010, S. 7).

Durch die Befragungen des IW (2003, 2006 & 2009) wurde gezeigt, dass das Familienbewusstsein deutscher Unternehmen stetig zunimmt.

Die Ergebnisse des IW (2003, 2006, 2009) Backes-Gellner et a. (2003) und Schneider et al. (2008) haben gezeigt, dass die wichtigsten Motive für die Einführung von familienfreundlichen Maßnahmen die Steigerung von Bindung und Arbeitszufriedenheit der Mitarbeiter sind. Einen Anreiz für die Änderung der Unternehmenskultur hin zu einem familienbewussten Unternehmen könnte auch die von der Bundesregierung prognostizierte Kosteneinsparung bieten.

7. Work-Life-Balance als Zukunftsaufgabe

Ausgangspunkt für die in dieser Untersuchung behandelten Konzepte Work-Life-Balance, Arbeitszufriedenheit und Commitment war das in der Literatur vielfach aufgestellte Postulat, dass durch Work-Life-Balance Konzepte eine stärkere Bindung der Mitarbeiter an ein Unternehmen und eine höhere

Arbeitszufriedenheit erreicht werden könne. Mit dieser These geht häufig die Vermutung einher, dass dadurch auch Steigerungen der Arbeitsmotivation und Produktivität erreicht werden können.

In Kapitel 1 wurde die zentrale Bedeutung von Work-Life-Balance für die Zukunft von Unternehmen, Staat und Gesellschaft betont. Die bisherigen Überlegungen setzten immer eine ganzheitliche Betrachtungsweise des Work-Life-Balance Gedankens voraus. Dabei stand die Annahme im Vordergrund, dass Work-Life-Balance als ein Gesamtkonzept verstanden wird, bei dem der Arbeitnehmer in seiner gesamten Lebenssituation wahrgenommen und nicht auf betriebliche Effizienz reduziert wird.

Bei allen positiven Wirkungen des Einsatzes von Work-Life-Balance Strategien darf eine kritische Auseinandersetzung mit dieser Thematik nicht fehlen.

Im Folgenden soll geprüft werden, ob die These, dass Work-Life-Balance eine zentrale Aufgabe für die Zukunft zukommt, auf Dauer haltbar ist und welche negativen Effekte sich durch den Einsatz solcher Konzepte ergeben könnten.

7.1   Reduktion von Work-Life-Balance auf Work

Die Recherche nach möglichen negativen Konsequenzen von Work-Life-Balance ergibt, dass es an empirischen Beweisen mangelt, die dieses Konzept grundsätzlich infrage stellen. In der Literatur finden sich einzelne Hinweise zu den Problematiken, die sich im Kontext der Einführung von Work-Life-Balance ergeben können. Studien oder Analysen, welche sich grundsätzlich auf eine kritische Auseinandersetzung beziehen, fehlen. Daher muss sich die Untersuchung dieser Problematik im Folgenden auf ausgewählte Hinweise aus der Literatur beziehen.

Die vielfältigen Forderungen nach Work-Life-Balance und die von verschiedensten Autoren und Institutionen postulierten positiven Effekte familienfreundlicher Maßnahmen erwecken den Eindruck, in der modernen

Unternehmenswelt entwickle sich ein Verständnis für die Bedürfnisse der Mitarbeiter. Parallel dazu gibt es eine ganz andere Entwicklung, die ihren Ursprung 1997 im Silicon Valley in Amerika hat: Zero Drag. Dieser Begriff bedeutet null Reibung [50]. Damit wird ein Mitarbeiter beschrieben, der ungebunden und ohne private Verpflichtungen lebt und zudem stets bereit ist, sich den wandelnden Anforderungen seines Unternehmens anzupassen. Damit einher geht seine Bereitschaft, zusätzliche Aufgaben zu übernehmen, kurzfristig in Notfällen einzuspringen und jederzeit umzuziehen. Der perfekte Zero Drag Mitarbeiter ist jung, männlich, ledig, kinderlos und karriereorientiert. (vgl. Hochschild, 2006, S. XXXI ff.)

In der Bundesrepublik Deutschland können besonders Maßnahmen zur Flexibilisierung der Arbeit ambivalente Auswirkungen haben. Zunehmende Arbeitszeitflexibilisierungen führen nicht automatisch zu einer Verbesserung der Work-Life-Balance und größerer Zeitsouveränität des Arbeitnehmers. Seifert (2007) kritisiert eine zunehmende Ökonomisierung der Arbeitszeit, die sich einseitig an Unternehmensinteressen orientiert. Dauer, Lage und Verteilung der Arbeitszeit liegen zulasten des Arbeitnehmers im Spannungsfeld zwischen betrieblichen und lebensweltlichen Zielen.

Arbeitszeitkonten werden genutzt, um den Arbeitseinsatz der Mitarbeiter an eine volatile Nachfrage anzupassen. So sparen die Unternehmen Kosten für Überstundenzuschläge. Leerzeiten können reduziert werden. Variable Arbeitszeiten wie z. B. die Vertrauensarbeit überträgt das unternehmerische Risiko auf den Arbeitnehmer, ohne diesen am Erfolg zu beteiligen. Auch die Verlängerung der Arbeitszeit geht häufig nicht mit der Erhöhung des Gehalts, sondern mit einer Vermeidung von Lohnsenkungen einher.

Aus betriebswirtschaftlicher Sicht wird meist argumentiert, dass der steigende internationale Wettbewerbsdruck die Flexibilisierung und Ausweitung der Arbeitszeit erfordere. Dennoch sprechen

---

[50] Ursprünglich war damit die reibungsfreie Bewegung z. B. bei Fahrrädern gemeint. (Hochschild, 2006, S. XXXI)

gesamtwirtschaftliche und gesamtgesellschaftliche Aspekte gegen diese Entwicklung der Flexibilisierung der Arbeitszeit, denn die Erfahrungen der Nachbarländer Dänemark und Niederlande zeigen, dass kurze Arbeitszeiten durchaus mit beschäftigungspolitischen Erfolgen einhergehen können. (vgl. Seifert, 2007, S. 166)

Ein weiteres Problem der zunehmenden Flexibilisierung und Entgrenzung von Arbeitszeit und Arbeitsort liegt darin, dass viele Unternehmen besonders von Vollzeitkräften eine nahezu unbegrenzte Verfügbarkeit für die betrieblichen Erfordernisse erwarten. Die familiären und persönlichen Interessen der Beschäftigten werden dabei kaum berücksichtigt. Auch das als familienfreundlich eingestufte Instrument der Gleitzeit oder flexiblen Arbeitszeit wird häufig nicht zur besseren Vereinbarkeit von Beruf und Familie der Mitarbeiter, sondern zur betrieblichen Kapazitätsanpassung bei Nachfrageschwankungen eingesetzt. (vgl. Botsch et al., 2007, S. 125)

Nach Althammer (2007) ist das entscheidende Kriterium für die Bewertung der Flexibilisierung der Arbeitszeit die Dispositionsbefugnis über deren Lage und Dauer. Es muss geklärt werden, inwiefern dieses den Bedürfnissen der Mitarbeiter entspricht und wer über die Entscheidungsbefugnis der Arbeitszeit verfügt. Liegt die Verfügung beim Arbeitnehmer, so kann diese Maßnahme als Indikator für eine familienfreundliche Personalpolitik eingesetzt werden. (vgl. Althammer, 2007, S. 46) Anderenfalls wird die Work-Life-Balance des Arbeitnehmers durch diese Maßnahme einseitig in Richtung Work verschoben.

Neben eventuellen negativen Auswirkungen einzelner Maßnahmen auf die Arbeitszufriedenheit sind auch negative Effekte durch die Mitarbeiterbindung denkbar. Beispielsweise kann eine übermäßige Bindung an ein Unternehmen dazu führen, dass die Mitarbeiter sich vollkommen für ihre Arbeit aufopfern. Dadurch werden Stress und Überlastung gefördert. (Felfe, 2008, S. 12 ff.)

Es besteht die Gefahr einer Selbsttäuschung der Arbeitnehmer. Dadurch, dass typische Freizeitelemente in das Arbeitsleben integriert werden, kann sich die familiäre Situation zu Hause verschärfen. Der Arbeitsplatz erscheint dann attraktiver als das Zuhause. Somit wird dort auch bereitwillig mehr Zeit verbracht. Dadurch kommt es zu einer schleichenden Trendwende der Entgrenzung von Arbeitswelt und Freizeit. Hinzu kommt, dass es durch die Unvorhersehbarkeit von Arbeitszeiten oder deren Flexibilisierung schwerer wird, soziale Kontakte aufrechtzuerhalten und familiäres Zusammensein zu koordinieren. Am Ende steht die Selbstausbeutung des Arbeitnehmers unter dem Deckmantel der Work-Life-Balance.

Opaschowski fordert daher, dass die Vereinbarkeit von Berufs- und Privatleben arbeitsvertraglich geregelt werden sollte. So könnten Unternehmen ihre ehrliche Bereitschaft, Work-Life-Balance in der Unternehmenskultur zu verankern, unter Beweis stellen. (vgl. Opaschowski, 2009, S. 66 f.; Hochschild, 2006)

Vinke (2005) ist der Ansicht, dass die Flexibilisierung des Arbeitsortes zum Verlust von organisationalem Commitment führt. Er nennt dafür die folgenden Gründe.

Büro-externes [51] Arbeiten habe zur Folge, dass Übereinstimmungen mit Gruppenattributen von den Individuen nur noch begrenzt wahrgenommen werden. Die Ausbildung einer Gruppenidentität wird erschwert. Zudem fehlt die soziale Eingebundenheit der Organisationsmitglieder, was die Chancen verringert, dass diese untereinander enge soziale Beziehungen knüpfen.

Des Weiteren wird so das organisationale Commitment geschwächt, weil das Individuum aufgrund seiner Abwesenheit vom Büro verschiedentlich Unsicherheit erfährt. Dazu zählt der Verlust von Sicherheit, die sonst durch das tägliche Erscheinen am Arbeitsplatz und durch die Orientierung an

---

[51] Vinke bezeichnet als Büro-externes Arbeiten alle Tätigkeiten, die nicht direkt im Hauptbüro der Organisation stattfinden. Darunter fallen: Telearbeiten, Arbeiten von zu Hause, Arbeit in Arbeitscentern oder Satellitenbüros, Arbeiten beim Kunden sowie das Arbeiten unterwegs. (vgl. Vinke, 2005, S. 1)

anderen Gruppenmitgliedern entsteht. Auch gruppenbezogene Aktivitäten wie z. B. gemeinsames Mittagessen, die sonst das organisationale Commitment fördern, entfallen. Zusätzlich tragen öffentliche und unbekannte Arbeitsumgebungen zur Unvorhersehbarkeit von Geschehnissen und zur Unsicherheit bei.

Vinke stellt fest, dass das Arbeiten außerhalb des Unternehmens zur Beschränkung der individuell wahrgenommen Selbstwirksamkeit führen kann. Mit der Öffentlichkeit der Arbeitsumgebung geht ein Kontrollverlust über die physikalischen Umweltstimuli und eine Distanz zu anderen Organisationsmitgliedern und Kollegen einher. Zudem trägt die seltene Anwesenheit der Gruppenmitglieder zur Erschwerung von Kommunikationsprozessen bei. (vgl. Vinke, 2005, S. 211 ff.)

Klug (2009) gibt zu bedenken, dass die Möglichkeit besteht, dass es *„unter dem Deckmantel der Verbesserung der Arbeitsbedingungen"* (S. 28) zu einer Erhöhung des Leistungsdrucks kommen kann. Die Flexibilisierung der Arbeitszeiten wird von Klug besonders in Bezug auf die Verstärkung von Leistungsdruck als kritisch erachtet. Hier besteht die Gefahr, dass es zum Burn-out der Mitarbeiter kommt und diese dann längerfristig nicht im Betrieb eingesetzt werden können. Klug sieht den Einsatz von Work-Life-Balance Strategien *„als dringend notwendig [..], um die Herausforderungen der Zukunft meistern zu können"* (Klug, 2009, S. 29). Der Erfolg von Work-Life-Balance Strategien liegt Klug zufolge darin, ein Maßnahmenbündel zu entwickeln *„das die unterschiedlichen Effekte der Gestaltung der Arbeitsbedingungen im Betrieb berücksichtigt."* (S. 28) Klug sprich in diesem Zusammenhang davon, dass ein ganzheitlicher Ansatz notwendig sei, um Work-Life-Balance zu erreichen. Isolierte Einzelmaßnahmen wie z. B. die flexible Gestaltung der Arbeitszeiten führen häufig zu einer Verschärfung der Problematiken. (vgl. Klug, 2009, S. 26)

Auch Kastner (2004, S. 9) kritisiert, dass flexibles Arbeitszeitmanagement, welches als Work-Life-Balance Konzept deklariert wird, oft zu negativer Bindung und Selbstausbeutung führt.

Auch am Beispiel vom Jobsharing Modell[52] kann gezeigt werden, dass die Einführung einer als familienfreundlich etikettierten Maßnahme nicht immer zur tatsächlichen Verbesserung der Arbeitsbedingungen für die Beschäftigten führen muss. Dies ist beispielsweise der Fall, wenn sich die Arbeitnehmer im Falle von plötzlichem Ausfall gegenseitig vertreten müssen. Die Vertretungsregelung wird so der Führungsverantwortung entzogen.

Dies kann ebenfalls auf Maßnamen zur Kontakthaltung während der Elternzeit von Müttern zutreffen. Diese können derart angewendet werden, dass den Müttern nahegelegt wird, sich flexibel und auf Abruf zur Verfügung zu halten. Hier entsteht ein großer Widerspruch zur Vereinbarkeit von Familie und Beruf, für die Planbarkeit eine wichtige Voraussetzung ist.

Versuche, betriebliche Missstände wie z. B. widrige Arbeitsbedingungen, schlechtes Betriebsklima oder untertarifliche Entlohnung durch punktuelle, als familienfreundlich ausgegebene Maßnahmen abzumildern, stehen nicht mit dem Work-Life-Balance Konzept im Einklang. (vgl. Botsch et al., 2007, S. 9)

7.2   Integration von Work und Life

Bei der Umsetzung von Work-Life-Balance Konzepten mit dem Schwerpunkt der Vereinbarkeit muss in jedem Fall auch eine Veränderung der Unternehmenskultur stattfinden. Jeder einzelne Mitarbeiter sollte sich als Träger der Umsetzung verstehen. Eine besondere Rolle steht den Führungskräften und der Unternehmensleitung zu. Sie müssen als Vorbilder fungieren und die neue Geisteshaltung im Unternehmen vorleben. (vgl. Stickling, 2008, S. 30)

---

[52] Siehe Glossar im Anhang.

Das Vertrauensverhältnis zwischen Führungskraft und Mitarbeiter ist entscheidend für die Veränderung der Organisationskultur hin zu mehr Work-Life-Balance. Führungskräfte müssen einerseits ihrer Vorbildfunkion nachkommen, andererseits sollen sie aktiv Hilfestellungen anbieten und soziale und emotionale Unterstützung anbieten. (vgl. Frey, Kerschreiter & Raabe, 2004, S. 317)

Bosch et al. (2007) haben die Erfolgsfaktoren für eine familienfreundliche Praxis herausgearbeitet. Es bedarf engagierter Einzelpersonen, die das Thema Work-Life-Balance im Unternehmen kommunizieren. Besonders wichtig ist es, dass Führungskräfte für die Umsetzung der angestrebten Maßnahmen gewonnen werden und diese selbst nutzen. Getroffene Vereinbarungen müssen verbindlich sein und allen Beschäftigten bekannt gemacht werden. Entscheidend ist, dass die Beschäftigen selbst offen ihre Bedarfe artikulieren können. Die geplanten Maßnahmen sollten sich auf die Analyse dieser Bedarfe stützen.

Darüber hinaus sollte die Gestaltung einer Vereinbarkeitsstrategie auch mit Konzepten der Gleichstellung der Geschlechter und der Frauenförderung einhergehen. Die nach der Bedarfsanalyse getroffenen Maßnahmen müssen von der Belegschaft als wichtig angesehen werden. (vgl. Bosch et al., 2007, S. 12)

Generell gilt, dass nicht die Einführung einzelner Maßnahmen entscheidend für die Unterstützung der Work-Life-Balance der Mitarbeiter ist. Es muss ein Umdenken in der Kultur des Unternehmens stattfinden. Diese muss wertschätzend gegenüber den Mitarbeitern und auf Akzeptanz und Förderung familiärer Verpflichtungen ausgerichtet sein. Dazu gehört auch, dass Mitarbeiter und Unternehmen gegenseitig Verantwortung füreinander übernehmen. (vgl. Schmitz, 2006, S. 298)

Familienfreundlichkeit im Unternehmen zeichnet sich nicht durch ein großes Angebot an Maßnahmen, sondern vor allem durch ein familienfreundliches

Betriebsklima aus. Gerade in kleinen und mittleren Betrieben können individuelle Absprachen zu bedarfsgerechten Lösungen führen. Ebenso kann auch die Bereitstellung von Informationen zu Beratungs- und Betreuungsangeboten einen Beitrag zur Verbesserung der Vereinbarkeit leisten. Arbeitnehmer beurteilen die Wahrnehmung ihrer privaten Pflichten und Bedürfnisse positiv und setzen sich i. d. R. ebenfalls flexibel und engagiert für den Betrieb ein. (vgl. Häuser et al., 2006, S. 28)

Die Untersuchung von Bosch et al. (2007) hat gezeigt, dass die Vereinbarkeitsmaßnahmen in der Regel in den unteren und mittleren Qualifikationsbereichen praktikabel sind. Vor allem Teilzeitarbeit und individuell nutzbare Gleitzeit sind häufig in Anspruch genommene Maßnahmen. Führungskräfte hingegen können kaum vereinbarkeits- fördernde Maßnahmen nutzen. Ihre Verfügbarkeit im Betrieb ist weiterhin Kriterium und Indikator ihrer Leistungsbereitschaft.
Bosch, Lindecke und Wagner ziehen daher das Fazit, dass die Vereinbarkeit von Beruf und Familie vielfach erfolgreich gefördert wird, Vereinbarkeit von Karriere und Familie bleibt jedoch die Ausnahme. (vgl. Bosch et al., 2007, S. 13)

Insgesamt scheint das betriebliche Interesse an einer Wiederaufnahme der Erwerbstätigkeit nach der Elternzeit zu steigen. Dennoch herrscht vielerorts noch die Praxis, Müttern nach der Elternzeit Aufhebungsverträge anzubieten, um sich der Gestaltung familienfreundlicher Arbeitsbedingungen und Arbeitszeiten zu entziehen (vgl. Botsch et al., 2007, S. 127).

Die positive Besetzung des Themas Work-Life-Balance in der Öffentlichkeit und die positiven Effekte familienfreundlicher Aktivitäten auf das Unternehmensimage sowie Anreize durch Zertifizierungsmaßnamen veranlassen immer mehr Unternehmen, sich mit dem Thema auseinanderzusetzen (vgl. Bosch et al., 2007, S. 9).

Work-Life-Balance Maßnahmen müssen allen Mitarbeitern gleichermaßen zur Verfügung stehen. Wenn sie nur wenigen ausgewählten Beschäftigten angeboten werden, wird der Grundgedanke von Work-Life-Balance verfehlt. Unternehmen müssen die Notwendigkeit und das Potenzial von Work-Life-Balance Strategien erkennen. Die Vereinbarkeitsproblematik darf nicht länger als privates Problem gesehen werden, sondern muss als strukturelles gesellschaftliches Problem wahrgenommen werden, welches eng mit der traditionellen geschlechtshierarchischen Arbeitsteilung zusammenhängt. Sowohl vor dem Hintergrund des gesellschaftlichen wie auch des demografischen Wandels ist es eine zukünftige Aufgabe der Unternehmen, Möglichkeiten zu schaffen, Frauen und Mütter in den Arbeitsmarkt zu integrieren. (vgl. Bosch et al., 2007, S. 7 ff.)

7.3 Resümee

Die zentrale Fragestellung dieses Kapitels war die Frage, ob Work-Life-Balance eine zentrale Aufgabe für die Zukunft zukommt. Die Bearbeitung führt zu dem Ergebnis, dass

- besonders Maßnahmen zur Flexibilisierung von Arbeitszeit und -ort im Kontext von Work-Life-Balance Strategien ein hohes Risiko beinhalten, ambivalente Wirkungen zu entfalten, wenn sie nicht im Rahmen eines ganzheitlichen Konzepts eingesetzt werden.

- als Work-Life-Balance deklarierte Maßnahmen den Leistungs- und Vereinbarkeitsdruck sowie das Burn-out Risiko der Mitarbeiter erhöhen, wenn sie instrumentell eingesetzt werden.

- die Flexibilisierung des Arbeitsortes negative Auswirkungen auf die organisationale Bindung von Mitarbeitern haben kann.

- Mitarbeitern durch eine starke organisationale Bindung suggeriert werden kann, dass das Leben am Arbeitsplatz attraktiver ist als das Privatleben. Dies kann zu Selbsttäuschung und Selbstausbeutung der Mitarbeiter führen.

- ein Umdenken in der Unternehmenskultur erforderlich ist, damit Work-Life-Balance erfolgreich im Sinne eines Gesamtkonzeptes sein kann.

Zudem finden Maßnahmen zur Flexibilisierung der Arbeitszeit ab einer bestimmten Hierarchieebene ihre Anwendungsgrenze. Führungspositionen verlangen meist aufgrund der Organisation und Kompetenzverteilung eine permanente Erreichbarkeit, oft auch Präsens am Arbeitsplatz. Abhängig von der Unternehmensgröße und Position der Führungskraft wird z. B. die Realisierung flexibler oder reduzierter Arbeitszeiten immer schwieriger. Eine gewisse Entlastung könnte hier die elektronische Kommunikation bewirken. Aber auch dann besteht die Gefahr von Entgrenzung von Arbeit und Freizeit. Welche Maßnahmen zur Verbesserung von Work-Life-Balance eingesetzt werden, muss immer im individuellen Kontext von Unternehmens- und Mitarbeiterbedürfnissen entschieden werden. Wichtig ist, dass die Maßnahmen nicht nur ein instrumentelles Ziel wie z. B. einen Imagegewinn verfolgen oder einseitig auf Vorteile der Effizienz im Sinne des Unternehmens zielen.

8. Fazit

Diese Untersuchung ging der Frage nach, welche Bedeutung das Work-Life-Balance Konzept für die Arbeitswelt der Zukunft hat. Arbeitszufriedenheit und Commitment sind immer auch wichtige Ziele von Work-Life-Balance Konzepten. Zwischen diesen bestehen wechselseitige

Wirkungsbeziehungen, deshalb wurden diese Konstrukte ebenfalls untersucht.

Die demografische Entwicklung und Veränderungen innerhalb der Arbeitswelt werden die Unternehmen in Zukunft immer mehr dazu drängen, sich auch über monetäre Anreize hinaus für die Bedürfnisse der Mitarbeiter nach Vereinbarkeit von Beruf und Familie einzusetzen, um diese im Unternehmen zu halten. Unternehmen müssen Rahmenbedingen schaffen, um sich als attraktive Arbeitgeber zu positionieren, um langfristig die Leistungsbereitschaft und -fähigkeit der Mitarbeiter zu erhalten.
Familienfreundliches Personalmanagement ist daher als Erfolgsfaktor für die Zukunft der deutschen Unternehmen zu sehen.

Die Bundesregierung (z. B. BMFSFJ 2003) stellt vor allem wirtschaftliche Vorteile in den Vordergrund, wenn sie für die Einführung familienfreundlicher Maßnahmen in Unternehmen argumentiert, denn der überwiegende Teil der Wirtschaftsunternehmen wird primär aufgrund solcher Aspekte bereit sein, sich im humanistischen Sinne für Work-Life-Balance Konzepte zu engagieren.
Hauptziel eines jeden Wirtschaftsunternehmens ist die Erwirtschaftung von Gewinnen. Wenn Unternehmen erkennen, dass sie von familienfreundlichen Rahmenbedingungen auch monetär profitieren können, werden sie bereit sein, sich für eine familienfreundliche Personalpolitik, die sich auch an den Bedürfnissen der Mitarbeiter orientiert, einzusetzen.
Die Szenariorechnung der Bundesregierung (BMFSFJ, 2005, S. 29 ff.) zeigt, dass die Einführung familienfreundlicher Maßnahmen, bezogen auf den finanziellen Aufwand für deren Einrichtung, zu einer Kosteneinsparung von 25 % jährlich führen kann.

Ein Problem, welches sich bei der Erstellung dieser Untersuchung ergeben hat, sind die uneinheitlichen und teils fehlenden Definitionen zentraler

Begriffe des untersuchten Themenfeldes innerhalb der einschlägigen Literatur.

Die Begriffe Unternehmen, Betrieb und Organisation werden häufig synonym verwendet, obwohl sie im betriebswirtschaftlichen Sinne unterschiedliche Bedeutungen haben. Zudem erschwert die uneinheitliche Verwendung des Work-Life-Balance Begriffs innerhalb der Literatur die Evaluation der Wirkungsweise dieses Konzepts.

Präzise Aussage darüber, welche Maßnahmen sinnvoll zur erfolgreichen Ausgestaltung eines Work-Life-Balance Konzepts eingesetzt werden sollten, können nicht getroffen werden. Zudem fehlen empirische Studien, die mögliche negative Effekte von Work-Life-Balance Maßnahmen untersuchen.

Vagheit und Mehrdimensionalität des Work-Life-Balance Konzepts erschweren die eindeutige Beantwortung der Frage ob, wann und in welchem Ausmaß die Einführung eines solchen Konzepts tatsächlich zur Verbesserung der Vereinbarkeit von Beruf und Familie bzw. Arbeit und Leben beitragen kann.

An dieser Stelle ist nochmals darauf hinzuweisen, dass die dargestellten Ergebnisse und Ausführungen eine hypothetische Übertragung des Work-Life-Balance Konzeptes auf Wirkungen auf Arbeitszufriedenheit und organisationales Commitment darstellen. Die vorgestellten Studien und Theorien geben Hinweise auf die Plausibilität der Ergebnisse, dennoch müsste im Anschluss an diese Arbeit eine empirische Überprüfung erfolgen.

Einige der positiven Effekte von Work-Life-Balance sind nicht direkt messbar. In der Retrospektive wird es teilweise schwierig werden, einen genauen Ursache-Wirkungszusammenhang festzustellen. Dies ist besonders in Bezug auf gesellschaftliche Effekte wie z. B. die Auswirkungen familienfreundlicher Maßnahmen auf eine Erhöhung der Geburtenrate problematisch. Auch die positiven Auswirkungen auf die Gesundheit von Mitarbeitern durch Work-Life-Balance Konzepte können wissenschaftlich nicht immer eindeutig belegt werden. Einigkeit herrscht jedoch darüber, dass die Einführung von Work-Life-Balance im Sinne einer Gesamtstrategie dazu führt, dass Mitarbeiter eine höhere Arbeitszufriedenheit und eine größere Bindung ans Unternehmen aufweisen.

Wirkungen einzelner familienfreundlicher Maßnahmen auf Arbeits-zufriedenheit und Commitment sind nicht zu belegen. Dies wird besonders bei Schneider et al. (2008, S. 52) deutlich. Besonders vor dem Hintergrund, dass ein gelungenes Work-Life-Balance Konzept nicht von isolierten Maßnahmen abhängig ist, ist der strategische Einsatz eines solchen Konzepts zweifelhaft. Der ursprüngliche Gedanke, Work-Life-Balance Strategien anzubieten, um den langfristigen Erhalt der psychischen und physischen Gesundheit der Mitarbeiter zu sichern, geht bei einer Reduktion des Konzeptes auf eine instrumentelle Nutzung verloren und kann sich sogar in sein Gegenteil wenden.

Beachtet werden muss auch, dass sowohl auf die Arbeitszufriedenheit als auch auf das Commitment neben den geplanten Einflüssen des Work-Life-Balance Konzepts viele unterschiedliche unplanbare Aspekte einwirken. So konnte diese Untersuchung z. B. in der Person der Arbeitnehmer liegende Faktoren nicht beachten. Die Auswirkungen gesellschaftlicher Einflüsse auf die untersuchten Konstrukte wurden in den vorgestellten Ergebnissen nicht berücksichtigt.

Es hat sich gezeigt, dass zwischen diesen beiden Konstrukten eine Wechselwirkung besteht und unter der Prämisse, dass Work-Life-Balance Maßnahmen im Sinne eines ganzheitlichen Konzeptes nicht isoliert eingesetzt werden können, ist eine Untersuchung einzelnen Wirkungsweisen auch nicht sinnvoll. Sollten sich einzelne Maßnahmen besonders positiv auf eines der beiden Konstrukte auswirken, könnte dies ihren missbräuchlichen Einsatz im instrumentellen Sinne fördern.

Der Einfluss der beruflichen Tätigkeit auf den familiären Bereich wurde in Kapitel 4 anhand verschiedener Theorien gezeigt. Hier wurde deutlich, dass das Modell von Clark (2000) am besten geeignet ist, um die Komplexität der Beziehungen zwischen dem Arbeits- und Privatleben zu erklären. Nach Clark (2000) sind Arbeit und Privatleben keine voneinander unabhängigen Sphären, da Ereignisse in einem der beiden Bereiche auch immer Auswirkungen im anderen Bereich haben. Dieses Konzept entspricht somit der ganzheitlichen Sichtweise, die das Work-Life-Balance Konzept voraussetzt.

Als ein Resultat dieser Untersuchung lässt sich weiterhin feststellen, dass nicht aus jeder als familienfreundlich deklarierten Maßnahme auch eine tatsächliche Verbesserung der Arbeitssituation und der Vereinbarkeitsproblematik für die Beschäftigten resultiert. Besonders kritisch sind in diesem Zusammenhang Maßnahmen zur Flexibilisierung von Arbeitszeit und -ort zu sehen. In Kapitel 7 wurde dargelegt, dass diese Maßnahmen zu einer drastischen Verschlechterung der Arbeitssituation führen können, wenn sie von Unternehmen auf einen instrumentellen Zweck reduziert werden. Insbesondere ist auf die Gefahr der Selbstausbeutung der Mitarbeiter hinzuweisen.

Ein weiter Grund, aus dem Work-Life-Balance Konzepte nicht immer zum Erfolg führen, könnte sein, dass die Ursachen für Probleme der Mitarbeiter bei der Vereinbarkeit von Familie und Beruf sowie mangelnde Zufriedenheit mit der Arbeit auch im privaten Umfeld des Mitarbeiters begründet liegen könnten. Maßnahmen zur Unterstützung der Work-Life-Balance können nur die im Bereich der Arbeit liegenden Probleme aufgreifen. Daher führen unter Umständen auch Work-Life-Balance Programme, die vom Unternehmen in einem ganzheitlichen Konzept umsetzt wurden, nicht immer zum gewünschten Erfolg.

In Bezug auf die Eingangs gestellten Fragen konnten folgende Wirkungen familienfreundlicher Maßnahmen festgestellt werden:

- gesteigerte Bindung des Mitarbeiters an das Unternehmen
- ausgebildetes Kow-How wird im Unternehmen gehalten
- Kosten bei der Stellenbesetzung werden eingespart
- gesteigerte Arbeitszufriedenheit und Motivation der Mitarbeiter

Die folgenden drei Bedingungen müssen erfüllt sein müssen, damit ein Work-Life-Balance Konzept erfolgreich etabliert werden kann.

1. Work-Life-Balance kann nur als ganzheitliches Konzept eingesetzt werden. Ganzheitlich bedeutet in diesem Sinn, dass die Ansprüche des Unternehmens in das Konzept eingehen und dass die Arbeitnehmer in ihren beruflichen und privaten Bedürfnissen als Einheit wahrgenommen werden.

2. Das isolierte Einführen einzelner Maßnahmen kann aus Sicht des Unternehmens kurzfristige Effizienzsteigerung bewirken, wird aber auf mittlere und längere Sicht unerwünschte Folgen (Nebenwirkungen) haben, die den kurzfristig erzielten Nutzen wieder aufheben und ins Gegenteil umkehren.

3. Damit die Punkte 1 und 2 gelingen, ist das aktive Einbeziehen der Mitarbeiter in das Konzept und dessen Realisierung nötig. Sie sollten an der Gestaltung wesentlicher Bedingungen der Arbeit und der Arbeitszeit beteiligt werden. Vorhandene Denkstrukturen müssen geändert, eingeführte Maßnahmen in der Unternehmenskultur verankert, in der Praxis aktiv vorgelebt und auf allen Unternehmensebenen mitgetragen werden.

Wird auch nur eine der drei genannten Bedingungen nicht erfüllt, ist die Wahrscheinlichkeit groß, dass die in Kapitel 7 diskutierten negativen Effekte auftreten.

In diesem Sinne ist Work-Life-Balance als eine existenzielle Zukunftsaufgabe für deutsche Unternehmen anzusehen.

Literaturverzeichnis

Abele, A. E. (2005). Ziele, Selbstkonzept und Work-Life-Balance bei der längerfristigen Lebensgestaltung. Befunde der Erlanger Längsschnittstudie BELA-E mit Akademikerinnen und Akademikern. *Zeitschrift für Arbeits- und Organisationspsychologie, 49 (4),* 176-186.

Althammer, J. (2007). Gesamtwirtschaftliche Effekte betrieblicher Familienpolitik. In A. Dilger, I. Gerlach & H. Schneider (Hrsg.), *Betriebliche Familienpolitik. Potenziale und Instrumente aus multidisziplinärer Sicht* (S. 45-63). Wiesbaden: VS.

American Economic Association (2010). *EconLit.* Zugriff am 30. Juli 2010 unter http://www.aeaweb.org/econlit/index.php

Backes-Gellner, U., Kranzusch, P., Schröer, S. & Kay, R. (2003). *Familienfreundlichkeit im Mittelstand - Betriebliche Strategien zur besseren Vereinbarkeit von Beruf und Familie.* IfM - Materialien Nr. 155. Institut für Mittelstandsforschung. Bonn.

Bandura, B. & Vetter, C. (2004). Work-Life-Balance-Herausforderung für die betriebliche Gesundheitspolitik und den Staat. In B. Bandura, H. Schellschmidt & C. Vetter (Hrsg.), *Fehlzeitenreport 2003. Wettbewerbsfaktor Work-Life-Balance. Betriebliche Strategien zur Vereinbarkeit von Beruf, Familie und Privatleben* (S. 1-18). Berlin: Springer.

Becker, S. (2003). Strategien einer familienbewussten Personalpolitik. *Personal, 11,* 22-24. Zugriff am 15. Mai 2010 unter http://www.beruf-und-familie.de/system/cms/data/dl_data/dc9f2c0117c66695b29787d331e5916d/Persona l_Startegien_Personalpolitik.pdf

Becker, M. (2007). *Messung und Bewertung von Humanressourcen. Konzepte und Instrumente für die betriebliche Praxis.* Stuttgart: Schäffer-Poeschel.

berufundfamilie gGmbH (n. d.). *Externe Richtlinie 060125 für die Auditierung zum audit berufundfamilie.* Zugriff am 10. August 2010 unter http://www.kibis.at/pdf/audit/RichtlinieDeutsch-0601.pdf

Bierhoff, H.-W. & Herner M. J. (2002). *Begriffswörterbuch Sozialpsychologie.* Stuttgart: Kohlhammer.

Botsch, E., Lindecke, C. & Wagner, A. (2007). *Familienfreundlicher Betrieb.* Düsseldorf: Hans-Böckler-Stiftung.

Bruggemann, A.; Groskurth, P. & Ulich, E. (1975). *Arbeitszufriedenheit.* Bern: Hans Huber.

Bundesministerium für Familie, Senioren, Frauen und Jugend (Hrsg.). (2005a). *Betriebswirtschaftliche Effekte familienfreundlicher Maßnahmen. Kosten-Nutzen-Analyse.* Rostock: Publikationsverband der Bundesregierung.

Bundesministerium für Familie, Senioren, Frauen und Jugend (Hrsg.). (2005b). *Work-Life-Balance. Motor für wirtschaftliches Wachstum und gesellschaftliche Stabilität. Analyse der volkswirtschaftlichen Effekte - Zusammenfassung der Ergebnisse.* Rostock: Publikationsverband der Bundesregierung. Zugriff am 17. Juni 2010 unter: http://www.bmfsfj.de/Redak tionBMFSFJ/Broschuerenstelle/Pdf-Anlagen/Work-Life-Balance,property=pdf .pdf

Bundesministerium für Familie, Senioren, Frauen und Jugend (Hrsg.). (2008a). *Unternehmensmonitor Familienfreundlichkeit 2006. Wie familienfreundlich ist die deutsche Wirtschaft? Stand, Fortschritte, Bilanz* (Nachdruck). Berlin: Druck Vogt GmbH. Zugriff am 12. April 2010 unter http://www.bmfsfj.de/RedaktionBMFSFJ/Broschuerenstelle/Pdf-Anlagen/Unte rnehmensmonitor-Familienfreundlichkeit,property=pdf,bereich=bmfsfj,sprach e=de,rwb=true.pdf

Bundesministerium für Familie, Senioren, Frauen und Jugend (Hrsg.) (2008b). *Familienfreundlichkeit als Erfolgsfaktor für die Rekrutierung und Bindung von Fachkräften. Ergebnisse einer repräsentativen Umfrage unter Arbeitgebern und Beschäftigten.* Berlin. Zugriff am 18. Mai.2010 unter http://www.bmfsfj.de/RedaktionBMFSFJ/Broschuerenstelle/Pdf-Anlagen/Fami lienfreundlichkeit-als-Erfolgsfaktor-f_C3_BCr-die-Rekrutierung-und-Bindung-von-Fachkr_C3_A4ften,property=pdf,bereich=bmfsfj,sprache=de,rw b=true.pdf

Bundesministerium für Familie, Senioren, Frauen und Jugend (Hrsg.). (2009). *Einstellung und Lebensbedingungen von Familien 2009. Monitor Familienforschung. Beiträge aus Forschung, Statistik und Familienpolitik.* Rostock: Publikationsverband der Bundesregierung. Zugriff am 15. Oktober 2009 unter http://www.erfolgsfaktor-familie.de/data/downloads/studien/2009_ 07_BMFSFJ_Familienmonitor2009.pdf

Bundesministerium für Familie, Senioren, Frauen und Jugend (Hrsg.). (2010). *Gewinnen mit Familie - Effekte von Familienfreundlichkeit. Monitor Familienforschung. Beiträge aus Forschung, Statistik und Familienpolitik.* Augabe 21. Berlin. Zugriff am 20. Mai 2010 unter http://www.bmfsfj.de/Redak tionBMFSFJ/Broschuerenstelle/Pdf-Anlagen/monitor-familienforschung-21,pr operty=pdf,bereich=bmfsfj,sprache=de,rwb=true.pdf

Bundeszentrale für politische Bildung, 2006, *Dossier. Demografischer Wandel in Deutschland.* Bonn. Zugriff am 20. August 2010 unter http://www.bpb.de/themen/OTVK4U,0,0,Demografischer_Wandel_in_Deutsc hland.html

Clark, S. C. (2000). Work Family Border Theory: A new Theory of Work / Family Balance. *Human Relations, 53 (6),* 747-770.

Cooper-Hakim, A. & Viswesvaran, C. (2005). The construct of work commitment: testing an integrative framework. *Psychological bulletin, 131 (2),* 241-59.

Dorniok, D. (2006). *Auswirkung von betrieblichen Work-Life-Balance-Maßnahmen auf Unternehmen und ihre Beschäftigten*. Norderstedt: Grin.

Fauth-Herkner, A., Münich-Wienes, A. & Wiebrock, S. (1999). Konzept und Realisierung des Audits Beruf & Familie. In Gemeinnützige Hertie Stiftung (Hrsg.), *Unternehmensziel familienbewusste Personalpolitik. Ergebnisse einer wissenschaftlichen Studie* (S. 249-281). Köln: Wirtschaftsverlag Bachem.

Felfe, J. & Six, B. (2006). Die Relation von Arbeitszufriedenheit und Commitment. In L. Fischer (Hrsg.), *Arbeitszufriedenheit. Konzepte und empirische Befunde* (S. 37-60). Göttingen: Hogrefe.

Felfe, J. (2007). Besonderes Engagement bei der Arbeit. In H. Schuler & K.-H. Sonntag (Hrsg.), *Handbuch der Arbeits- und Organisationspsychologie* (S. 246-253). Göttingen: Hogrefe.

Felfe, J. (2008). *Mitarbeiterbindung*. Göttingen: Hogrefe.

Fischer, L. (Hrsg.). (2006). *Arbeitszufriedenheit. Konzepte und empirische Befunde* (2. Aufl.). Göttingen: Hogrefe.

Fischer, L. & Fischer, O. (2007). Sind zufriedene Mitarbeiter gesünder und arbeiten sie härter? *Personalführung, 3*, 20-32.

Flüter-Hoffmann, C. & Solbrig, J. (2003). Wie familienfreundlich ist die deutsche Wirtschaft? *IW: Trends- Köln, 30 (4)*, 37-46.

Frey, D., Kerschreiter, R. & Raabe, B. (2004). Work-Life-Balance: Eine doppelte Herausforderung für Führungskräfte. In M. Kastner (Hrsg.), *Die Zukunft der Work-Life-Balance Wie lassen sich Beruf und Familie, Arbeit und Freizeit miteinander vereinbaren?* (S. 305-322*)*. Kröning: Asanger.

Fuchs, J., Schnur, P. & Zika, G. (2005). *Arbeitsmarktbilanz bis 2020. Besserung langfristig möglich*. IAB Kurzbericht, 24, 1-4. Zugriff am 10. Mai 2010 unter http://doku.iab.de/kurzber/2005/kb2405.pdf

Fuchs-Heinritz, W., Lautmann, R., Rammstedt, O. & Wienold, H. (Hrsg.). (2007). *Lexikon zur Soziologie* (4. Aufl.). Wiesbaden: VS.

Gemeinnützige Hertie- Stiftung (2008). *audit berufundfamilie*. berufundfamilie gGmbH. Frankfurt am Main.

Gerlach, I., Schneider, H. & Juncke, D. (2007). *Betriebliche Familienpolitik in auditierten Unternehmen und Institutionen*. Forschungszentrum Familienbewusste Personalpolitik, Arbeitspapier Nr. 3. Münster.

Guest, D. E. (2002). Perspectives on the Study of Work-Life Balance. *Social Science Information, 42 (2)*, 255-279.

Gutknecht, S. P. (2007). *Arbeitszufriedenheit und Commitment. Der Einfluss von Persönlichkeitsmerkmalen auf organisationsspezifische Einstellungen.* Saarbrücken: VDM.

Günterberg, B. (2010). *KMU-Definition des IfM Bonn*. Bonn: IfM. Zugriff am 4. September 2010 unter http://www.ifm-bonn.org/index.php?id=89

Hämmig, O. (2008). Beruf und Privatleben vereinbaren - eine große Chance für alle Beteiligten. *io new management, 7-8*, 12-16.

Häuser, J., Ruppenthal, S. & Schneider, N. (2006). Lippenbekenntnisse zur Work-Life-Balance?. *Personalführung, 1*, 26-29.

Herzberg, F., Mausner, B. & Snyderman B. B. (1959). *The motivation to work.* New York: Wiley.

Hochschild, A. R. (2006). *Keine Zeit. Wenn die Firma zum Zuhause wird und zu Hause nur Arbeit wartet* (2. Auflage). Wiesbaden: VS.

Hoff, E.-H., Grote, S., Dettmer, S., Hohner, H.-U. & Olos, L. (2005). Work-Life-Balance: Berufliche und private Lebensgestaltung von Frauen und Männern in hoch qualifizierten Berufen. *Zeitschrift für Arbeits- und Organisationspsychologie, 49 (4)*, 196-207.

Judge, T. A., Thoresen, C. J., Bono, J. E. & Patton, G. K. (2001). The Job-Satisfaction-Job Performance Relationship: A Qualitative and Quantitative Review. *Psychological Bulletin, 127,* 376-407.

Jürgens, K. (2006). *Arbeits- und Lebenskraft.* Wiesbaden: VS/ GWV.

Kaiser, S., Ringelstetter, M. & Stolz, M. L. (2009). Mitten im Leben. *Personal, 1,* 30-32.

Kastner, M. (Hrsg.). (2004). *Die Zukunft der Work Life Balance. Wie lassen sich Beruf und Familie, Arbeit und Freizeit miteinander vereinbaren?.* Kröning: Asanger.

Klimpel, M. & Schütte T. (2006). *Work-Life-Balance. Eine empirische Erhebung.* Hampp: Mering.

Klug, I. (2009). Flexible Arbeitszeitmodelle - Gut für die Work-Life-Balance?. *Lohn+ Gehalt, 20 (7),* 26-29.

Kraus, R. & Woscheé, R. (2009). Commitment und Identifikation mit Projekten. In M. Wastian, I. Baumandl & L. v. Rosenstiel (Hrsg.), *Angewandte Psychologie für Projektmanager. Ein Praxisbuch für die erfolgreiche Projektleitung* (S.187-206). Berlin: Springer.

Koschmieder, S. (2009). *Betriebliche Maßnahmen zur Beeinflussung der Work-Life-Balance der Mitarbeiter.* Norderstedt: Grin.

Lambert, S. J. (1990). Processes Linking Work and Family: A Critical Review and Research Agenda. *Human Relations, 43 (3),* 239-257.

Lexikonredaktion des Verlags F. A. Brockhaus (Hrsg.). (2001). *Der Brockhaus. Psychologie. Fühlen, Denken und Verhalten verstehen.* Mannheim: F. A. Brockhaus GmbH.

Locke, E. A. & Latham, G. P. (1990). *A theory of goal setting & task performance.* Englewood Cliffs, N.J.: Prentice Hall.

McKinsey (2008). *Deutschland 2020. Zukunftsperspektiven für die deutsche Wirtschaft. Zusammenfassung der Studienergebnisse*. Zugriff am 2. Mai 2010 unter http://www.mckinsey.de/downloads/profil/initiativen/d2020/D2020 _Exec_Summary.pdf

Meyer, J. P. & Allen, N. J. (1990). The measurement and antecedents of affective, continuance and normative commitment to the organization. *Journal of Occupational Psychology, 63,* 1-18.

Michalk, S. & Nieder, P. (2007). *Erfolgsfaktor Work-Life-Balance* (1. Aufl.). Weinheim: Wiley-VCH.

Mohn, L. & Schmidt, R. (Hrsg.). (2004). *Familie bringt Gewinn. Innovation durch Balance von Familie und Arbeitswelt* (2. Aufl.). Gütersloh: Bertelsmann.

Mowday, R. T., Porter, L. W. & Steers, R. M. (1982). *Employee-organization linkages: the psychology of commitment, absenteeism, and turnover.* New York: Academic Press.

Mowday, R. T., Porter, L. W. & Steers, R. M. (1979). The measurement of organizational commitment. *Journal of Vocational Behavior, 14,* 224–247.

Nerdinger, F. W., Blickle, G. & Schaper, N. (2008). *Arbeits- und Organisationspsychologie.* Berlin: Springer.

Neuberger, O. & Allerbeck, M. (1978). *Messung und Analyse von Arbeitszufriedenheit. Erfahrungen mit dem "Arbeitsbeschreibungs-Bogen (ABB)".* Bern: Hans-Huber.

Nolen, D. & Grotz, F. (2007). *Kleines Lexikon der Politik* (4 Aufl.). München: C. H. Beck.

Oechsle, M. (2008). Work-Life-Balance. Diskurse, Problemlagen, Forschungsperspektiven. In R. Becker & B. Kortendiek (Hrsg.), *Handbuch der Frauen und Geschlechterforschung. Theorie, Methode, Empirie* (2. Aufl.) (S. 227-236). Wiesbaden: VS /GWV.

Olfert, K. & Rahn, H.-J. (2001). *Lexikon der Betriebswirtschaftslehre.* (4. überarbeitete Aufl.). Ludwigshafen: Friedrich Kiehl.

Opaschowski, H. W. (2009). *Wohlstand neu denken. Wie die nächste Generation leben wird.* München: Güterloher Verlagshaus.

Pechtl, H. & Schmalen, H. (2006). *Grundlagen und Probleme der Betriebswirtschaft* (13. überarbeitete Aufl.). Stuttgart: Schäffer-Poeschel.

Prognos, BMFSFJ (Hrsg.). (2003). *Betriebswirtschaftliche Effekte familienfreundlicher Maßnahmen. Kosten-Nutzen-Analyse.* Studie der Prognos AG im Auftrag des BMFSFJ, Berlin. Zugriff am 7.Juni 2010 unter http://www.bmas.de/portal/3646/property=pdf/elternzeit__langfassung.pdf

Prognos (2005a). *Work-Life-Balance als Motor für wirtschaftliches Wachstum und gesellschaftliche Stabilität. Band 1: Betriebliche Maßnahmen und gesellschaftliche Trends.* Zugriff am 10. Juli 2010. unter http://lexikon.bmwi.de/BMWi/Redaktion/PDF/Publikationen/Studien/work-life-balance-band-1,property=pdf,bereich=bmwi,sprache=de,rwb=true.pdf

Prognos (2005b). *Work-Life-Balance als Motor für wirtschaftliches Wachstum und gesellschaftliche Stabilität. Bd. 2: Wirkungsmechanismen und volkswirtschaftliche Effekte.* Zugriff am 10. Juli 2010. unter http://lexikon.bmwi.de/BMWi/Redaktion/PDF/Publikationen/Studien/work-life-balance-band-2,property=pdf,bereich=bmwi,sprache=de,rwb=true.pdf

Resch, M. & Bamberg, E. (2005). Work-Life-Balance - ein neuer Blick auf die Vereinbarkeit von Berufs- und Privatleben?. *Zeitschrift für Arbeits- und Organisationspsychologie, 49 (4),* 171-175.

Resch, M. (2007). Familienfreundlichkeit von Unternehmen aus arbeitspsychologischer Sicht. In A. Dilger, I. Gerlach & H. Schneider (Hrsg.), *Betriebliche Familienpolitik Potenziale und Instrumente aus multidisziplinärer Sicht* (S. 103-124). Wiesbaden: VS.

Rockrohr, G. (2003). Was nützt Unternehmen die Work-Life-Balance?. *Personal-Zeitschrift für Human Resource Management, 55 (11)*, 14-18.

Rosenstiel, L. v., Molt, W. & Rüttinger, B. (2005). *Organisationspsychologie. Grundriss der Psychologie* Bd. 22 (9. Aufl.) Stuttgart: Kohlhammer.

Rost, H. (2004). *Work-Life-Balance. Neue Aufgaben für eine zukunftsorientierte Personalpolitik*. Opladen: Barbara Budrich.

Scandura, T. A. & Lankau, M. J. (1997). Relationships of gender, family responsibility and flexible work hours to organizational commitment and job satisfaction, *Journal of Organizational Behavior, 18,* 377-391.

Schmidt, K.-H. (2006). Haupt- und Moderatoreneffekte der affektiven Organisationsbindung in der Belastungs- Beanspruchungs-Beziehung. *Zeitschrift für Personalpsychologie, 5 (3)*, 121-130.

✗ Schmitz, M. (2006). *Familienfreundlichkeit als Unternehmensstrategie. Potenzialträger motivieren und binden*. Düsseldorf: Symposium Publishing GmbH.

Schneewind, K. A. (2009). Work-Life-Balance. In L. v. Rosenstiel, E. Regent, E. M. Domsch (Hrsg.), *Führung von Mitarbeitern. Handbuch für erfolgreiches Personalmanagement* (S. 81-87) (6. Aufl.). Stuttgart: Schäffer-Poeschel.

Schnelle, J., Brandstätter, V. & Moser, B. (2009). Aspekte der Work-Life-Balance aus motivationspsychologischer Perspektive: Zielkonflikte zwischen Beruf und Familie. *Personalführung, 42 (2),* 46-54.

Schneider, H., Gerlach, I., Heinze, J. & Wieners, H. (2010). Betriebliches Familienbewusstsein- geschlechts- oder qualifikationsgetrieben?. Eine empirische Analyse des Familienbewusstseins deutscher Unternehmen. *DBW, 70 (2),* 125-144.

Schneider, N. F. (2007). Work-Life-Balance - neue Herausforderungen für eine zukunftsorientierte Personalpolitik aus soziologischer Perspektive. In A. Dilger, I. Gerlach, & H. Schneider (Hrsg.), *Betriebliche Familienpolitik. Potenziale und Instrumente aus multidisziplinärer Sicht* (S. 64-74). Wiesbaden: VS.

Schneider, N. F. (2010). Bevölkerungsforschung. Mitteilungen aus dem Bundesinstitut für Bevölkerungsforschung. BiB. Zugriff am 20. Juli 2010 unter http://www.bib-demografie.de/cln_090/nn_750462/SharedDocs/Publikat ionen/DE/Download/Bevoelkerungsforschung__Aktuell/bev__aktuell__0210,t emplateId=raw,property=publicationFile.pdf/bev_aktuell_0210.pdf

Schneider, H., Gerlach, I., Juncke, D. & Krieger, J. (2008). *Betriebswirtschaftliche Ziele und Effekte einer familienbewussten Personalpolitik.* Forschungszentrum Familienbewusste Personalpolitik. Arbeitspapier Nr. 5. Münster.

Schneider, H., Gerlach, I., Wiener, H. & Heinze, J. (2008). *Der berufundfamilie-Index. Ein Instrument zur Messung des betrieblichen Familienbewusstseins.* Forschungszentrum Familienbewusste Personal-politik. Arbeitspapier Nr. 4. Münster.

Schnelle, J., Brandstätter-Morawietz, V. & Moser, B. (2009). Aspekte der Work-Life-Balance aus motivationspsychologischer Perspektive. Zielkonflikte zwischen Beruf und Familie. *Personalführung, 42 (2),* 46-54.

Schobert, D. B. (2007). Grundlagen zum Verständnis von Work-Life Balance. In A. S. Esslinger & D. B. Schobert (Hrsg.), *Erfolgreiche Umsetzung von Work-Life Balance in Organisationen. Strategien, Konzepte, Maßnahmen* (S. 19-33). Wiesbaden: DUV.

Schobert, D. B. (2008). Die Balance halten. *Personal, 4,* 30-32.

Schulz, V. (2008). *Basiswissen Betriebswirtschaft. Management, Finanzen, Produktion, Marketing* (3. Aufl.). München: DTV.

Seifert, H. (2007). Arbeits-Zeit-Politik. *WSI Mitteilungen, 4,* 166.

Seiwert, L. & Tracy, B. (2002). *Lifetime Management. Mehr Lebensqualität durch Work-Life- Balance.* Offenbach: Gabal.

Statistisches Bundesamt (2010). *Elterngeld.* Wiesbaden. Zugriff am 17. Juli 2010 unter http://www.destatis.de/jetspeed/portal/cms/Sites/destatis/Internet/ DE/Content/Statistiken/Sozialleistungen/KindergeldElterngeld/content75/Elter ngeldInfo,templateId=renderPrint.psml

Stickling, E. (2008). Familienorientierte Personalpolitik. Die neue Geisteshaltung vorleben. *Personalwirtschaft, 11,* 30.

Sutton, K. L. & Noe, R. A. (2005). Family-Friendly Programs and Work-Life Integration: More Myth Than Magic ?. In E. E. Kossek & S. J. Lambert (Eds.), *Work and Life Integration. Organizational, Cultural, and Individual Perspectives* (p. 151-169). Mahwah, New Jersey: LEA.

Thom, G. (2008). Work-Life-Balance - Die Balance zwischen Berufs- und Privatleben zielorientiert gestalten. In K. Seeger & B. Liman (Hrsg.), *Zielorientierte Unternehmensführung.* Festschrift für Univ. Prof. Dr. Winfried Hamel (S. 231-258). Wiesbaden: Gabler.

Vinke, A. (2005). *Virtuelle Arbeitsstrukturen und organisationales Commitment. Das Büro als entscheidender Faktor sozialer Identifikation.* Wiesbaden: DUV/ GWV.

Voepel, S. C., Leibold, M. & Fürchtenicht, J.-D. (2007). *Herausforderung 50 plus*. Weinheim: WILEY-VCH.

Wachenfeld, A. & Wiesmann, D. (2008). Angebote, die ankommen. *Personalwirtschaft, 9,* 57-59.

Wermke, M., Kunkel-Razum, K. & Scholze-Stubenrecht,W. (2005). *Duden. Das Fremdwörterbuch*. (8. bearbeitete und erweiterte Aufl.) Mannheim: Dudenverlag

Weinert, A. B. (2004). *Organisations- und Personalpsychologie: Lehrbuch*. Weinheim: Belz.

Wiese, S. B. (2007). Work-Life-Balance. In K. Moser (Hrsg.), *Wirtschaftspsychologie* (S. 245-263). Heidelberg: Springer.

Wingen, M. (2003). Betriebliche Familienpolitik als gesellschaftliche Aufgabe - familienbewusste Personalpolitik als Weg zum Unternehmenserfolg. *Sozialer Fortschritt, 52 (3),* 60-64.

Zaugg, R. (2006). *Work-Life-Balance Ansatzpunkte für den Ausgleich zwischen Erwerbs- und Privatleben aus individueller, organisationaler und gesellschaftlicher Sicht*. Diskussionspapier Nr. 9. Lahr: Wissenschaftliche Hochschule.

Zelewski, S. (2008). Grundlagen. In H. Corsten & M. Reiß (Hrsg.), *Betriebswirtschaftslehre* (S. 1-98) (4. überarbeitete Aufl.). München: Oldenburg.

Glossar

Einige in dieser Arbeit gebrauchten Begriffe sind wissenschaftlich nicht einheitlich definiert und können je nach ihrem Verwendungskontext unterschiedliche Bedeutungen haben. Das Glossar erklärt die angeführten Begriffe grundsätzlich in ihrem in diesem Buch gebrauchten Zusammenhang.

(1) Anspruchsniveau

beschreibt die Erwartungen, Zielsetzungen und Ansprüche, die eine Person, bezogen auf die eigene Leistung, an sich selbst stellt (vgl. Bierhoff & Herner, 2002, S. 19).

(2) Arbeitsbeschreibungsbogen

Der ABB erfasst unabhängig voneinander unterschiedliche Facetten der Arbeitszufriedenheit. Diese sind: Kollegen, Vorgesetzte, Tätigkeit, äußere Arbeitsbedingungen, Organisation und Leitung, berufliche Weiterentwicklung, Bezahlung, Arbeitszeit, Arbeitsplatzsicherheit, Arbeit insgesamt, Leben insgesamt (vgl. Rosenstiel, Molt & Rüttinger, 2005, S. 294). Neuberger & Allerbeck beschreiben den ABB als: „hochstrukturierte[n], schriftliche[...n], universell anwendbare[en] Mehr-Item Fragebogen, der aufgrund von Beschreibungen der Arbeitssituation quantitative Aussagen über die Zufriedenheit mit einzelnen Aspekten erlaubt."(Neuberger & Allerbeck, 1978, S. 35)

(3) Benchmarkinginstrument

Ein Benchmarkinginstrument ist ein strategisches Managementinstrument. Es dient zum Vergleichen von Managementpraktiken, Produkten oder Dienstleistungen. So können Leistungsdefizite aufgedeckt werden. (vgl. Wermke, Kunkel-Razum & Scholze-Stubenrecht, 2005, S. 131)

(4)   berufundfamilie gGmbH

Die berufundfamilie gGmbH ist eine Initiative der Gemeinnützigen Hertie Stiftung. Diese wird vom Bundesministerium für Familie, Senioren, Frauen und Jugend (BMFSFJ) unterstützt. Zentrales Angebot ist das audit berufundfamilie. Dieses unterstützt als strategisches Managementinstrument Unternehmen aller Betriebsgrößen und Branchen, familienfreundliche Maßnahmen umzusetzen und insgesamt familienfreundlicher zu werden. (vgl. Gemeinnützige Hertie-Stiftung, 2008, S. 5 ff.)

(5)   Betrieb

Umgangssprachlich werden die Begriffe Unternehmen, Betrieb und Unternehmung synonym verwendet (vgl. z. B. Pechtl & Schmalen, 2006; Olfert & Rahn, 2001; Zelewski, 2008). Die in der Betriebs-wirtschaftslehre getroffenen Unterscheidungen haben i. d. R. rechtliche oder organisatorische Gründe. Die begrifflichen Abgrenzungen erfolgen aber weder interdisziplinär noch innerhalb des Fachs einheitlich. Grundsätzlich stellt ein Betrieb die kleinste Einheit dar, in der sich wirtschaftliche Handlungen vollziehen (vgl. Zelewski, 2008, S. 17 f.). Betriebe können in öffentliche Betriebe und private Betriebe eingeteilt werden. Häufig werden die privaten Betriebe auch als Unternehmen bezeichnet (vgl. Schulz, 2008). Neben dem synonymen Gebrauch der drei genannten Begriffe werden oft auch nur Teilbereiche eines Unternehmens als Betriebe bezeichnet (vgl. Zelewski, 2008, S. 18 ff.).

(6)   demografischer Wandel

beschreibt die dynamische Veränderung der Bevölkerungs-zusammensetzung. Der Begriff beschreibt die Tendenz einer geringen Geburtenrate bei gleichzeitiger Ausdehnung der Lebenserwartung der Menschen. Dadurch kommt es zu einer Alterung der Gesellschaft. Für die Strukturbeschreibung wird das Modell der Alterspyramide gebraucht. (vgl. Nolen. & Grotz, 2007, S. 63)

(7) EconLit

ist eine Fachdatenbank für Wirtschaftswissenschaften und angrenzende Disziplinen. Sie enthält internationale Zeitschriftenartikel, Bücher, Rezensionen, Sammelband Artikel, Arbeitspapiere und Dissertationen. (vgl. American Economic Association, 2010, http://www.aeaweb.org/econlit/index.php)

(8) Elterngeld

Das Elterngeld löste zum 1.1.2007 das Erziehungsgeld ab. Elterngeld können alle Väter und Mütter mit gewöhnlichem Aufenthalt in Deutschland erhalten, wenn sie mit ihren Kindern im einem Haushalt leben. Das Elterngeld beträgt 67 % des wegfallenden monatlichen durchschnittlichen Nettogehaltes der letzen 12 Monate vor der Geburt des Kindes. Der Mindestbetrag liegt bei 300 Euro und der Höchstbetrag bei 1800 Euro. (vgl. Statistisches Bundesamt, 2010, http://www.destatis.de/jetspeed/portal/cms/Sites/destatis/Internet/DE/C ontent/Statistiken/Sozialleistungen/KindergeldElterngeld/content75/Elt erngeldInfo,templateId=renderPrint.psml)

(9) ergebnisorientiertes Arbeiten

Beim ergebnisorientierten Arbeiten tritt die zeitliche Komponente der Arbeit in den Hintergrund. Maßgeblich für die Leistungsbeurteilung ist das erzielte Ergebnis. Die zeitorientierte Arbeit ist Input orientiert, wohingegen die ergebnisorientierte Arbeit Output orientiert ist. (vgl. Schmitz, 2006, S. 44)

(10) Familie

Mit dem Begriff der Familie ist in dieser Arbeit, soweit nicht anders beschrieben, die Kernfamilie gemeint. Das heißt Eltern - auch Alleinerziehende - mit mindestens einem Kind. „Eine Familie wird durch die Übernahme und das Innehaben einer Mutter- und/oder Vater-Position im Lebensalltag des Kindes generiert. Entscheidend dafür ist eine soziale, nicht die biologische Elternschaft." (Fuchs-Heinritz, 2007, S. 278)

(11) familienbewusst

In dieser Arbeit wird der Begriff familienfreundlich synonym zu dem Begriff familienbewusst verwendet. Aus sprachwissenschaftlicher Sicht bestehen semantische Bedeutungsdifferenzen. In der verwendeten Literatur wird in der Regel diese Unterscheidung nicht getroffen. Eine Ausnahme bilden hier Schneider et al. (2010, S. 126).

(12) familienfreundlich

siehe familienbewusst

(13) family-friendly-index

Der family-friendly-index wurde in den USA vom Families & Work Institute in New York entwickelt. Der Index bildet das Familienbewusstsein eines Unternehmens ab. (vgl. gemeinnützige Herti-Stiftung, 1998, S. 6) Der family-friendly-index wurde aus einer Studie mit 188 amerikanischen Unternehmen entwickelt. Er basiert auf der Analyse 29 familienfreundlicher Maßnahmen, die sich auf sieben Handlungsfelder verteilen. (Schneider et al., 2010, S. 127)

(14) Genderzugang

Der Genderzugang befasst sich im Kontext der Geschlechterforschung mit der Vereinbarkeit von Beruf und Familie.

(Kastner, 2004, S. 68 ff.) Gender bezeichnet nicht das biologische Geschlecht eines Individuums, sondern das sozial erworbene Geschlecht in Bezug auf die erworbene Geschlechterrolle (vgl. Scherr, 2006, S. 51).

(15) humanistisches Konzept

Hierbei handelt es sich um ein Konzept, welches am Menschen orientiert ist. Im Zusammenhang mit der Arbeitswelt stehen „Maßnahmen, durch die das Umfeld des arbeitenden Menschen, menschengerechter gestaltet, die persönliche Unversehrtheit gewährleistet, die individuelle Freiheit vermehrt und die allgemeine Lebensqualität gesteigert werden" (Lexikonredaktion des Verlags F. A. Brockhaus, 2001, S. 251).

(16) Humankapital

beschreibt immaterielles Kapital. „Erziehung und Ausbildung werden als in den Menschen investiertes Kapital angesehen [...], das seinem Träger Erträge in Form von monetären [...] und nichtmonetären [...] 'Einkommen' erbringt." (Fuchs-Heinritz et al., 2007, S. 278)

(17) intrinsiche Motivation

entsteht aus dem Wunsch, etwas zu Tun, weil es interessant ist und Spaß macht. (vgl. Aronson, Wilson, Akert, 2004, S. 167)

(18) Jobsharing

ist ein Arbeitszeitmodell, welches auf Teilzeitarbeit basiert. Beim Jobsharing wird ein Arbeitsplatz auf zwei Mitarbeiter aufgeteilt. (vgl. Schmitz, 2006, S. 48 f.)

(19) Lebensqualität

kann anhand einer gelungenen Work-Life-Balance gemessen werden. Darüber hinaus lässt sich Lebensqualität über die Dimensionen: Einkommen, Wohnverhältnisse, Arbeitsbedingungen, Familienbeziehungen, soziale Kontakte und subjektive Zufriedenheitsangaben messen (vgl. Kastner, 2004, S. 22 f.).

(20) Likert Skala

dies ist ein Skalierungsverfahren zur Einstellungsmessung. Es wird angenommen, dass eine Person die Aussage eines Items umso mehr ablehnt, je weiter ihre Einstellung von der Formulierung des Items abweicht (vgl. Rost, 1996, S. 52). Die Zuordnung einer ganzen, rationalen Zahl zu jeder Antwortmöglichkeit ermöglicht eine quantitative Erfassung der Einstellung (vgl. Atteslander, 2003, S. 264).

(21) Metaanalyse

Eine Metaanalyse fasst die Ergebnisse mehrerer empirischer Einzelstudien qualitativ zusammen. Für die Durchführung werden statistische Verfahren eingesetzt. (vgl. Bierhoff & Herner, 2002, S. 140)

(22) Spitzenverbände der deutschen Wirtschaft

Der Begriff Spitzenverbände ist nicht eindeutig definiert. In dieser Arbeit wird er so gebraucht, dass darunter diejenigen Verbände mit dem wirtschaftlich und politisch größtem Einfluss verstanden werden. Im Einzelnen sind dies: BDA, BDI, DIHK und ZDH.

Autorenprofil

Stefanie Rolle wurde 1981 geboren und studierte an der Leibniz Universität Hannover. Während ihres Studiums setzte sich die Bankkauffrau und Diplom-Sozialwissenschaftlerin intensiv mit der Thematik der Vereinbarkeit von Beruf und Familie auseinander. Die Schwerpunkte ihres Studiums waren Produktion und Arbeit, Sozialisation, Kommunikation und Kultur, sowie Unternehmensführung und Organisation. Die Autorin ist verheiratet und ist seit dem Jahr 2006 selbst Mutter einer Tochter.

3088212R00088

Printed in Germany
by Amazon Distribution
GmbH, Leipzig